Tanja Dautzenberg | Volker Pesch

Vom Jagdhund zum Jagdgefährten

Müller Rüschlikon

Einbandgestaltung: R2 I Ravenstein, Verden
Titelfoto und Bild auf der Rückseite: Archiv Tanja Dautzenberg

ISBN 978-3-275-02279-3

Postfach 103743, 70032 Stuttgart
Ein Unternehmen der Paul Pietsch Verlage GmbH & Co. KG

1. Auflage 2023

Sie finden uns im Internet unter
www.mueller-rueschlikon-verlag.de

Gesamtleitung: Claudia König
Innengestaltung: grafik+design Kornelia Erlewein, Stuttgart
Druck und Bindung: Multiprint Ltd., Slavyanska Str. 10A, 2230, Kostinbrod, Bulgarien
Printed in Bulgaria

© Tanja Dautzenberg

INHALT

TEIL 2

Der Hund im Haus 50

TEIL 3

Die praktische Ausbildung 92

© Volker Pesch

VORWORT

An die Ausbildung von Jagdhunden werden zu Recht hohe Ansprüche gestellt, denn der gut ausgebildete Hund ist auf der Jagd ein unersetzlicher Begleiter. Der alte Merksatz »Jagd ohne Hund ist Schund« gilt trotz moderner technischer Hilfsmittel auch heute noch uneingeschränkt. Aber die Sicht auf den Hund und die Haltung zum Hundetraining haben sich gewandelt – und das sozial, moralisch und tierschutzrechtlich.

Kynologie und (Hunde-)Verhaltensforschung sind dynamische Forschungsgebiete und liefern stetig neue Erkenntnisse, die in die Praxis der Haltung, Erziehung und Ausbildung zu »übersetzen« sind. In den vergangenen zwei oder drei Jahrzehnten hat sich ein verändertes Bewusstsein für den Umgang mit unseren vierbeinigen Gefährten entwickelt. Jeder kennt das aus dem eigenen Erleben. Indizien sind auch der Boom der Hundeschulen, Videos bei YouTube und anderen Videoportalen sowie der erstaunliche Erfolg des einen oder anderen »Hundeprofis« im Privatfernsehen.

Nicht zuletzt hat sich die Rechtslage geändert: Seit 1990 sind Tiere rechtlich gesehen keine »Sachen« mehr, sondern werden durch besondere Gesetze und Verordnungen geschützt (§ 90a BGB). Zuletzt hat 2022 die neue Tierschutz-Hundeverordnung einschneidende Veränderungen mit sich gebracht: Zweifelhafte Erziehungshilfen wie Stachel- und Teletakt-Halsbänder sind seitdem ebenso verboten wie die Kettenhaltung von Hunden. Auch die Zwingerhaltung ist nur noch unter bestimmten Bedingungen und Auflagen erlaubt. Unter anderem müssen den Hunden genau definierte soziale Kontakte ermöglicht werden.

© Tanja Dautzenberg

Auch die Jagd ist im Wandel: Sie ist heute vielfach Hobby, nicht Beruf, also für die meisten Jägerinnen und Jäger kein tägliches Tun. Sie und ihre Hunde sind folglich nicht täglich im Revier. Nach der letzten Mitgliederbefragung des Deutschen Jagdverbands (DJV, 2022) sind 63 Prozent der mehr als 400.000 Jagdscheininhaberinnen und -inhaber berufstätig. Dabei ist die Jägerschaft heute repräsentativ für die Gesamtbevölkerung: Es sind Angestellte und Beamte darin, Unternehmerinnen und Freiberufler, Landwirte und Försterinnen, Frauen und Männer mit einem Durchschnittsalter von 56 Jahren. Und in 57 Prozent ihrer Haushalte lebt mindestens ein Hund. Die beliebtesten sind Vorstehhunde wie Deutsch Drahthaar (25 Prozent), gefolgt von Teckeln und Terriern (jeweils 9 Prozent), Apportierhunden und Schweißhunden (jeweils 8 Prozent), Stöberhunden (7 Prozent) und Bracken (6 Prozent).

Nicht nur nebenbei sind diese Jagdhunde heute auch vollwertige Familienmitglieder. Der Jagdhund ist nicht mehr »Werkzeug im Zwinger«, das nur zur Jagd herausgeholt wird und entsprechend »hart« und »scharf« ist (um nicht zu sagen: neurotisch), sondern geliebter Sozialpartner und Familienmitglied, das alltäglich mit in Haus oder Wohnung lebt, mit in den Urlaub fährt, unter dem Schreibtisch und auf dem Sofa liegt, mit Premiumfutter verwöhnt wird und im Alter ein neues Hüftgelenk bekommt. Nicht selten wirken verschiedene Menschen bei Erziehung und Ausbildung mit, auch Partner oder Kinder, denen vielleicht das Wissen und die Erfahrung im Umgang mit Hunden fehlen. Solche Hunde müssen ausgeglichen und sozialverträglich sein, auch gegenüber Besuch oder Briefträgern.

Zugleich sollen sie aber natürlich jagdlich geführt werden und wirklich brauchbar sein, nicht nur auf dem Papier. Vielfach ist der »Allrounder« gefragt, der beispielsweise apportiert, stöbert und einfache Nachsuchen bewältigt. Aber auch echte Spezialisten wie Schweißhunde werden von Hobbyjägerinnen oder -jägern gehalten und geführt. Und in vielen Bundesländern – in Deutschland werden Brauchbarkeitsprüfungen in der Hoheit der Länder durchgeführt – zeigt sich aktuell eine Abkehr vom »Papiere-Zwang«: Hunde ohne Ahnentafel werden zu Brauchbarkeitsprüfungen zugelassen; mancherorts können Hunde unklarer Rasse und Abstammung die Prüfungen absolvieren. Das öffnet neue Türen, birgt aber auch viele Risiken.

Vor diesem Hintergrund zeigt sich auch ein Wandel der Erziehung und Ausbildung von Jagdhunden hin zu modernen, alternativen und konsequent gewaltfreien Methoden, wie sie im vorliegenden Buch beschrieben werden. Dabei stehen Motivation und positive Verstärkung im Vordergrund, ohne dass auf Konsequenz und souveräne Autorität im Umgang mit unseren vierbeinigen Gefährten verzichtet würde. Das Buch versteht sich als praktischer Leitfaden – von der Auswahl des Hundes bis hin zur bestandenen Brauchbarkeitsprüfung.

Teil 1 befasst sich mit der Wahl der passenden Rasse, gemessen an typischen Merkmalen sowie den jagdlichen Möglichkeiten und Haltungsbedingungen, die Sie Ihrem Hund bieten können. Dazu werden die Gruppen der in Deutschland zugelassenen Jagdhunderassen vorgestellt, außerdem erhalten Sie einen Überblick über die Zuchtvereine und Verbände sowie das Prüfungswesen und viele nützliche Tipps rund um die »Freude der Wahl«. Teil 2 behandelt wichtige allgemeine Fragen der Hundehaltung, angefangen bei der Stubenreinheit über die Grundsätze der Hundeerziehung bis hin zum Erkennen ernster gesundheitlicher Probleme. Teil 3 stellt dann Schritt für Schritt die praktische Ausbildung zur jagdlichen Brauchbarkeit dar, geordnet nach den einzelnen Prüfungsfächern, wie sie die Prüfungsordnungen in allen Ländern grundsätzlich vorsehen. Auf mögliche Abweichungen im Detail wird jeweils hingewiesen.

Tanja Dautzenberg **Dr. Volker Pesch**

Bayerischer Gebirgsschweißhund

Teil 1

Welcher Hund passt zu mir?

Kleiner Münsterländer

1

Die systematische Hundezucht ist ein vergleichsweise junges Betätigungsfeld. Natürlich haben Menschen im Zuge des jahrtausendelangen Zusammenlebens mit Hunden immer selektiert, haben die Individuen für sich ausgewählt, deren Eigenschaften und Merkmale erwünscht waren, und sie haben auf diese Weise hier und da der Evolution nachgeholfen, also die Entwicklung der Art zumindest ein wenig gesteuert. So sind schon früh spezialisierte Haus-, Hüte- oder Jagdhunde hervorgetreten. Dabei ist die Frage, ob der Mensch den Hund domestiziert hat oder doch der Hund den Menschen, eigentlich nebensächlich. Manche Hundeleute sprechen lieber von Koevolution als von Domestikation.

Der Wolf (Canis lupus) ist der Stammvater aller Haushunde.

Aber man darf nicht den biologischen Begriff der »Art« oder »Unterart« mit dem züchterischen Begriff der »Rasse« verwechseln. Ein wenig Latein gefällig? Hunde (Canidae) bilden eine Familie innerhalb der Überfamilie der Hundeartigen (Caniformia), die wiederum eine Unterordnung innerhalb der Ordnung der Raubtiere (Carnivora) ist und – wie wir Menschen auch – zur Klasse der Säugetiere (Mammalia) gehört. Zu den Canidae zählen unter anderem die Echten Füchse (Vulpini) und die Echten Hunde (Canini), zu letzteren gehören sämtliche Wolfs- und Schakalartigen (Canis), darunter auch die Art Wolf (Canis lupus) einschließlich ihrer Unterart, dem Haushund (Canis lupus familiaris).

Keine Sorge, Sie müssen sich das nicht merken. Wichtig ist nur festzuhalten, dass sämtliche Hunde vom Pekingesen bis zum Irischen Wolfshund biologisch zu dieser einen Unterart zählen: Canis lupus familiaris. Diese Unterart ist (vorläufiges) Ergebnis der evolutionären Entwicklung der Art, das heißt grundsätzlich ein Ergebnis natürlicher Fortpflanzungsgemeinschaften. Eine »Rasse« hingegen ist nicht das Ergebnis natürlich biologischer Prozesse, sondern per definitionem das Ergebnis gezielter Zuchtauswahl in genetisch isolierten Teilpopulationen. Ein hoch spezialisierter Hund wie etwa der Bayerische Gebirgsschweißhund wäre ohne menschliche Selektion nicht entstanden. Aber auch diese Hunderasse bleibt Teil der Unterart Haushund. Innerhalb der einzelnen Rassen werden züchterisch manchmal noch verschiedene »Schläge« unterschieden, etwa nach Größe oder Fellfarben, aber dieser Begriff wird höchst unscharf genutzt.

Der Übergang von der Domestikation einzelner Exemplare dieser Unterart zur systematischen Zucht von Hunderassen lässt sich freilich nicht exakt terminieren. Archäologische Funde deuten darauf hin, dass Menschen und Hunde seit mehreren zehntausend Jahren gemeinsame Wege gehen. Wir erkennen Jagdhunde in mancher Höhlenmalerei. Man kann im altgeschichtlichen Ägypten erste Ansätze einer Zucht erkennen, ebenso in China, bei den alten Griechen und im Orient, ganz sicher bei den Römern und im europäischen Mittelalter. Quellen belegen die Existenz und Arbeitsweise von Meute-, Spür- und Vogelhunden als Folge von Domestikation und Selektion. Aber die moderne Hundezucht und mit ihr diejenigen Rassen, aus denen Sie heute Ihren Jagdgefährten auswählen können, entstand erst im 19. Jahrhundert.

Literaturtipp:
Erik Zimen: Der Hund. Abstammung – Verhalten – Mensch und Hund, München 1988. Auch wenn die Forschung nicht stehengeblieben ist, ist dieser Klassiker der Hundeliteratur immer noch sehr lesenswert.

Canis lupus familiaris: Sämtliche Hunde vom Pekingesen bis zum Irischen Wolfshund zählen zu dieser Unterart.

HUNDERASSEN UND RASSESTANDARDS

Zahl und Vielfalt der Haushunde weltweit sind absolut unüberschaubar. Versteht man »Rasse« wie oben definiert, also als Ergebnis kontrollierter Zucht, verringert sich das Feld zwar deutlich, aber die Fédération Cynologique Internationale (FCI) erkennt immerhin über 360 verschiedene Hunderassen an. Dieser internationale Dachverband aller nationalen kynologischen Verbände ist so etwas wie der weltweit oberste Zuchtwart.

Nach den Statuten unterstützt und fördert die FCI die Zucht, Registrierung und Verwendung von Hunden mit Ahnentafel, und zwar derart, »dass ihr funktionell einwandfreier Gesundheitszustand und morphologisches Erscheinungsbild den Anforderungen des Standards einer jeden Rasse entsprechen, sodass sie gemäß den spezifischen Eigenschaften ihrer Rasse arbeiten und verschiedene Funktionen erfüllen können.«

Für jede einzelne Rasse legt die FCI einen sogenannten Standard fest, also die Beschreibung eines Idealtyps hinsichtlich Erscheinungsbild und Verhalten. Die Einhaltung und Weiterentwicklung dieser Rassestandards werden jeweils von einem FCI-Mitgliedsverband betreut, und zwar immer von dem Verband, der den Staat vertritt, in dem die Rasse ihren züchterischen Ursprung hat. In Deutschland ist das der Verband für das deutsche Hundewesen (VDH).

Selbstverständlich können Sie sich auch einen Hund einer Rasse zulegen, deren züchterischer Ursprung beispielsweise in Frankreich oder England oder sonst wo auf der Welt liegt. Aber wenn Sie Ihren Hund jagdlich einsetzen möchten, sollte die Rasse in Deutschland als Jagdhunderasse anerkannt sein. Diese Anerkennung obliegt dem Jagdgebrauchshundverband (JGHV), dem Dachverband des gesamten Jagdhundewesens in Deutschland. Dieser erkennt zurzeit insgesamt 104 Jagdhunderassen an, darunter 64 dauerhaft und 40 bis auf Widerruf (Stand Oktober 2022). Zwar öffnen sich derzeit erste Türen auch für Hunde anderer Rassen und Mischlinge, worauf noch einzugehen sein wird, aber sehr viel einfacher werden Sie es mit einer anerkannten Rasse haben.

Link-Tipp:
https://www.jghv.de
Auf der Homepage des JGHV findet sich unter »Service« und »Prüfungswesen« auch die jeweils aktuelle Liste der anerkannten Jagdhunderassen.

ZUCHTVEREINE UND VERBÄNDE

Die Zuchtvereine

Bei den Jagdhunden haben sich die Vereine in aller Regel nach den Rassen oder Rassegruppen zusammengefunden: So gibt es, um nur wenige Beispiele zu nennen, den »Verein Deutsch-Drahthaar«, den »Deutschen Brackenverein« oder den Verein für »Kleine Münsterländer«. Um manche Vierläuferrassen bemühen sich gleich mehrere Vereine. Wer etwa einen Teckel führt, hat die Wahl zwischen »Deutschem Teckelklub 1888«, »Verein für Jagdteckel« und »Bayrischem Dachshundklub gegr. 1893«. Eine Auflistung aller Vereine und Verbände mit ihren Unter-, Landes- und Regionalgruppen wäre hier beim besten Willen nicht möglich, aber auch nicht notwendig: Googeln Sie einfach eine beliebige Hunderasse und das Wort Verein, und Sie werden fündig werden.
Bei allen Differenzen im Detail verfolgen diese Vereine allesamt die Ziele, die jeweilig vertretenen

© Michaela-Krenn/stock.adobe.com

Der Deutsch Drahthaar gilt als leistungsfähiger und vielseitiger Jagdgebrauchshund.

Hunderassen zu fördern und die Interessen der Halterinnen und Halter in allen Belangen und auf allen Ebenen zu vertreten. Sie formulieren Rassestandards beziehungsweise sorgen für den Erhalt der geltenden Standards, steuern und begleiten die Zucht durch Auswahl geeigneter Hündinnen und Rüden, stellen Ahnentafeln aus – die »Papiere« des Hundes – und führen Zuchtbücher, bringen Züchterinnen und Züchter mit Interessierten zusammen, vermitteln Welpen, stellen Prüfungsordnungen auf, führen Prüfungen durch sowie sammeln und verbreiten Informationen aller Art über die jeweiligen Rassen. In aller Regel geben sie eine Vereinszeitschrift als Mitteilungsblatt heraus und betreiben entsprechende Internetseiten.

Was diese Vereine leisten geht also über den Nutzen von Facebook-Gruppen, die es selbstredend ebenfalls zu allen Hunderassen gibt, weit hinaus. Wenn Sie einen Jagdhund ausbilden und führen wollen, sollten Sie sich frühzeitig mit dem jeweiligen Zuchtverein in Verbindung setzen und dessen Leistungen nutzen, zumal bei vielen Rassen die Mitgliedschaft im Zuchtverein ohnehin Bedingung für die Welpenvergabe ist.

Aber Achtung: Die Welt der Hundezuchtvereine ist manchmal eine spezielle. Wenn der Ihnen zugedachte Welpe bei der Wurfabnahme nicht dem Idealbild des Zuchtwarts entspricht, etwa weil sein Haar etwas zu lang ist oder die Zähne nicht perfekt ineinandergreifen, droht schnell der Zuchtausschluss. Desgleichen wenn Ihr Hund bei der Anlageprüfung nicht ganz genauso steht, läuft, bringt oder jagt wie es dem Idealbild entspricht. Außerdem werden Sie in dieser Welt immer wieder auf Experten und Funktionäre beiderlei Geschlechts treffen, die ganz genau zu wissen glauben, was Sie alles falsch machen, und die sich auch bemüßigt fühlen, Ihnen das kundzutun.

Aber jeder Verein, jede regionale Gruppe und jede Prüfungskommission ist anders, das hängt natürlich immer von den konkreten Menschen ab, mit denen Sie dort zu tun haben. Sie werden auch oft auf echte Fachkompetenz und große Hilfsbereitschaft treffen. Man kann an dieser Stelle nur raten, sich das anzuschauen und selbst zu beurteilen. Es gibt übrigens durchaus auch seriöse Züchterinnen und Züchter von Rassehunden, die nicht einem entsprechenden Zuchtverein angehören. Deren Welpen bekommen dann allerdings keine Papiere, was die Möglichkeiten zur rechtlichen Feststellung ihrer jagdlichen Brauchbarkeit stark einschränkt. Auch darauf wird noch zurückzukommen sein.

Der Jagdgebrauchshundverband

Fast alle Zuchtverbände und Landesjagdverbände sind Mitglieder im Jagdgebrauchshundverband e. V. (JGHV). Nach seinem Selbstverständnis stellt (nur) der JGHV dem Jagdwesen die gesetzlich erforderlichen Jagdhunde zur Verfügung. Dies erreicht er in erster Linie durch die Reglementierung und Durchführung von Anlage- und Leistungsprüfungen sowie zusätzlicher Leistungszeichen, was auch sein Gründungszweck im Jahr 1899 war.

Der Deutsch Kurzhaar ist ein häufig geführter Jagdgebrauchshund.

Der Verband beschließt die allgemeinverbindlichen Prüfungsordnungen und – gemeinsam mit den Vorstehhund-Zuchtvereinen – die Prüfungsordnungen für Vorstehhunde. Als oberste Prüfungsinstanz gibt er gewissermaßen die Rahmenbedingungen vor, innerhalb derer seine Mitgliedsverbände bei der Durchführung ihrer rassespezifischen Prüfungen agieren können. Der JGHV führt das Deutsche Gebrauchshund-Stammbuch (DGStB) als Leistungsstammbuch und Dokumentation der Verbandsarbeit. Darin werden seit 1882 alle Hunde geführt, die in einer Verbandsprüfung oder einer Prüfung eines angeschlossenen Zuchtvereins geprüft wurden, nebst Ergebnissen, Leistungszeichen sowie festgestellten Zucht- und Wesensmängeln.

Der eigenen Standortbestimmung zufolge erarbeitet der JGHV neue jagdkynologische Erkenntnisse zum Nutzen der Jagdgebrauchshundearbeit und pflegt kulturelle Belange des Jagdhundewesens, unter anderem durch die Führung des jagdkynologischen Archivs. Außerdem vergibt er Auszeichnungen und Ehrengaben an verdiente Vereine, Züchter oder Führer von Jagdhunden. Das Organ und offizielle Mitteilungsblatt »Der Jagdgebrauchshund« erscheint monatlich.

Schließlich macht der Verband gemeinsam mit dem Deutschen Jagdverband (DJV) auch Öffentlichkeits- und Lobbyarbeit in der Politik. Es ist hier nicht der Ort, das hinsichtlich Inhalt oder Effizienz zu bewerten. Nur so viel sei gesagt: Kynologie und Verhaltensforschung liefern fortwährend neue Erkenntnisse und das mitunter schneller, als die Vereine und Verbände ihre Satzungen und Ordnungen anpassen können (oder wollen). Die Öffentlichkeit schaut nicht nur der Jagd und dem Jagdhundewesen kritisch auf die Finger, sondern auch der Hundehaltung, -erziehung und -ausbildung insgesamt. Und der Zugang des JGHV zu den mehr und mehr grün geführten Umwelt- und Landwirtschaftsministerien, in deren Zuständigkeit das Jagd- und Jagdhundewesen der Länder meistens liegt, ist alles andere als barrierefrei.

Der Verband für das deutsche Hundewesen

Der Verband für das deutsche Hundewesen (VDH) ist die größte Interessenvertretung aller Hundehalterinnen und Hundehalter in Deutschland und Dachorganisation für rund 180 Mitgliedsvereine

Deutscher Brackenverein e.V.
Verein für Brandl- und Steirische Rauhaarbracken
gegr. 1968

AHNENTAFEL

Steirischer Rauhhaarbracken-Rüde
BODO VOM SCHUFTSBERG
Zuchtbuchnummer: DBV 02992R
Chipnummer: 276093463002992

Mitglied im:
– Jagdgebrauchshundeverband – JGHV
– Verband für das Deutsche Hundewesen – VDH
– Fédération Cynologique Internationale – FCI

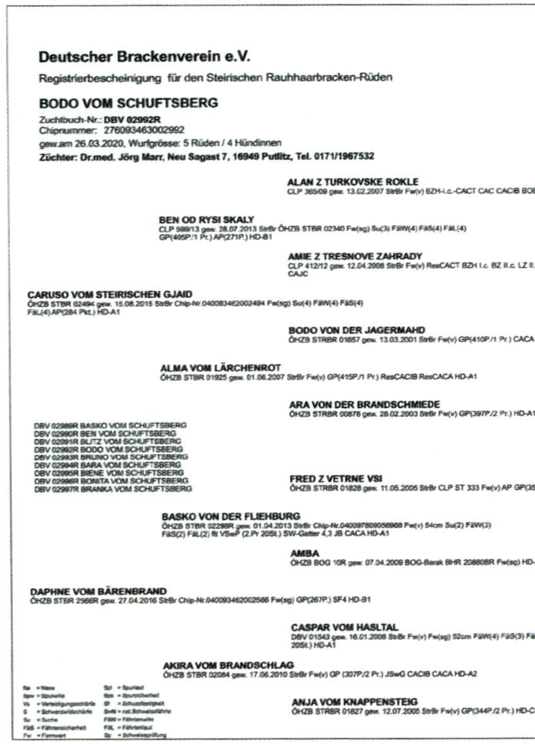

Deutscher Brackenverein e.V.
Registrierbescheinigung für den Steirischen Rauhhaarbracken-Rüden
BODO VOM SCHUFTSBERG
Zuchtbuch-Nr.: DBV 02992R
Chipnummer: 276093463002992
gew.am 26.03.2020, Wurfgrösse: 5 Rüden / 4 Hündinnen
Züchter: Dr.med. Jörg Marr, Neu Sagast 7, 16949 Putlitz, Tel. 0171/1967532

ALAN Z TURKOVSKE ROKLE
CLP 365/09 gew. 13.02.2007 StrBr Fw(v) BZH-I.c.-CACT CAC CACIB BOB

BEN OD RYSI SKALY
CLP 599/13 gew. 28.07.2013 StrBr ÖHZB STBR 02340 Fw(sg) Su(3) FäW(4) FäS(4) FäL(4) GP(405P./1 Pr.) AP(271P.) HD-B1

AMIE Z TRESNOVE ZAHRADY
CLP 412/12 gew. 12.04.2008 StrBr Fw(v) ResCACT BZH I.c. BZ II.c. LZ II.c. CAJC

CARUSO VOM STEIRISCHEN GJAID
ÖHZB STBR 02494 gew. 15.06.2015 StrBr Chip-Nr.040093462002494 Fw(sg) Su(4) FäW(4) FäS(4) FäL(4) AP(284 Pkt.) HD-A1

BODO VON DER JAGERMAHD
ÖHZB STRBR 01657 gew. 13.03.2001 StrBr Fw(v) GP(410P./1 Pr.) CACA B

ALMA VOM LÄRCHENROT
ÖHZB STBR 01925 gew. 01.06.2007 StrBr Fw(v) GP(415P./1 Pr.) ResCACIB ResCACA HD-A1

ARA VON DER BRANDSCHMIEDE
ÖHZB STRBR 00878 gew. 28.02.2003 StrBr Fw(v) GP(397P./2 Pr.) HD-A1

DBV 02989R BASKO VOM SCHUFTSBERG
DBV 02990R BEN VOM SCHUFTSBERG
DBV 02991R BLITZ VOM SCHUFTSBERG
DBV 02992R BODO VOM SCHUFTSBERG
DBV 02993R BRUNO VOM SCHUFTSBERG
DBV 02994R BARA VOM SCHUFTSBERG
DBV 02995R BIENE VOM SCHUFTSBERG
DBV 02996R BONITA VOM SCHUFTSBERG
DBV 02997R BRANKA VOM SCHUFTSBERG

FRED Z VETRNE VSI
ÖHZB STRBR 01828 gew. 11.05.2005 StrBr CLP ST 333 Fw(v) AP GP(354P

BASKO VON DER FLIEHBURG
ÖHZB STBR 02298R gew. 01.04.2013 StrBr Chip-Nr.040097809056968 Fw(v) 54cm Su(2) FäW(3) FäS(2) FäL(2) flt VSwP (2.Pr 20St.) SW-Gatter 4,3 JB CACA HD-A1

AMBA
ÖHZB BOG 10R gew. 07.04.2009 BOG-Barak BHR 20880BR Fw(sg) HD-A1

DAPHNE VOM BÄRENBRAND
ÖHZB STBR 2566R gew. 27.04.2016 StrBr Chip-Nr.040093462002566 Fw(sg) GP(267P.) SF4 HD-B1

CASPAR VOM HASLTAL
DBV 01543 gew. 16.01.2008 StrBr Fw(v) Fw(sg) 52cm FäW(4) FäS(3) FäL(4 20St.) HD-A1

AKIRA VOM BRANDSCHLAG
ÖHZB STBR 02084 gew. 17.06.2010 StrBr Fw(v) GP (307P./2 Pr.) JSwG CACIB CACA HD-A2

ANJA VOM KNAPPENSTEIG
ÖHZB STRBR 01827 gew. 12.07.2005 StrBr Fw(v) GP(344P./2 Pr.) HD-C1

Ahnentafel des Brackenrüden Bodo vom Schuftsberg

mit zusammen rund 600.000 Mitgliedern. Das sind neben den Landesverbänden des VDH und Hundesportverbänden über 160 Rassezuchtvereine, darunter auch die meisten Zuchtvereine für Jagdhunderassen.

Der VDH ist die führende kynologische Institution in Deutschland. In den Medien sowie als Gutachter und Berater für Gerichte und Politik genießt der Verband hohe Anerkennung. Das Verhältnis zwischen VDH und JGHV war in der Vergangenheit nicht immer spannungsfrei und mitunter deutlich von Konkurrenzen geprägt. Seit 2008 sind beide Verbände außerordentliches Mitglied des jeweils anderen (beitragsfrei und ohne Stimmrecht) und haben nach einigem Ringen ihre Terrains abgesteckt: Vereinfacht gesagt hat der VDH die Hoheit über die Zucht der Jagdhunde und der JGHV die über deren Prüfungen. Deswegen wird die Ahnentafel Ihres Jagdgefährten auf das Zuchtbuch des VDH verweisen, seine Prüfungszeugnisse hingegen auf den JGHV.
Die Mitgliedschaft eines Vereins im VDH ist eine Voraussetzung für die Aufnahme in den JGHV und damit für die Durchführung von Verbandsprüfungen. In vielerlei Hinsicht arbeiten beide Verbände zusammen; unter anderem ist der JGHV federführend im Ausschuss für das Jagdhundewesen des VDH vertreten. Und der VDH vertritt den JGHV in der FCI. An diesem Punkt mussten sich die beiden Verbände einigen: Die FCI lässt nämlich nur einen Vertreter pro Land zu.

Link-Tipp:
https://www.vdh.de
Homepage des VDH mit umfassenden Informationen und Serviceangeboten rund um Hunde und Hundehaltung.

Anspruchsvoll und zeitaufwändig: Ausbildung »auf der roten Fährte«. © Volker Pesch

DER »PASSENDE« HUND

Selbst wenn Sie für sich und in Ihrer Familie schon fest beschlossen haben, dass Sie keinen Chihuahua oder Mops halten möchten, sondern einen Jagdhund aus einer Rassezucht, haben Sie in Deutschland die Qual der Wahl aus mehr als 100 anerkannten Rassen – nein, die Freude der Wahl! Denn all diese Rassen haben typische Anlagen und Merkmale, bevorzugte Einsatzgebiete und Leistungspotenziale, spezifische Ansprüche an Haltung und Führung. Richtig ausgewählt können all diese Hunde zum perfekten Jagdgefährten und Familienhund werden. Falsch gewählt können alle problematisch sein.
Aber was heißt hier »richtig« oder »falsch«? Ganz einfach, es heißt zu Ihnen passend. Lassen Sie sich nicht von anderen Hundeleuten bequatschen, nicht von der Schönheit oder Leistung einer Rasse blenden, nicht von Ihren jagdlichen Traumvorstellungen oder der trügerischen Erinnerung an einen in der Kindheit geliebten Hund verleiten. Mit einem »unpassenden« Hund werden Sie nicht glücklich. Und Sie möchten ja mit Ihrem Hund nicht nur 12 oder 15 Jahre irgendwie zurechtkommen, sondern einen echten Jagdgefährten

gewinnen und führen. Diese Partnerschaft soll auf wechselseitigem Vertrauen, auf Bindung und Motivation gründen, auch auf Ihrer souveränen Führerschaft. Aber nicht auf Gewalt, Unterwürfigkeit und Angst, oder?

Also gehen Sie radikal so vor: Fragen Sie, welche Hunderasse wirklich zu Ihnen passt. Also erstens: Welche jagdlichen Einsatzmöglichkeiten für Ihren Gefährten haben Sie tatsächlich? Zweitens: Wie viel Zeit werden Sie selbst für den Vierläufer aufbringen und wer sonst wird sich im Alltag um ihn kümmern? Drittens: Welche Haltungsbedingungen bieten Sie? Bitte beantworten Sie diese drei Fragen für sich, bevor Sie irgendwo Interesse an einem Welpen anmelden, und seien Sie dabei unbedingt ehrlich zu sich selbst.

Welche jagdlichen Einsatzmöglichkeiten habe ich?

Wie steht es um Ihre jagdlichen Einsatzmöglichkeiten oder anders gefragt: Wie und wo jagen Sie, und wie soll Ihr Hund dabei eingesetzt werden? Bejagen Sie Hoch- oder Niederwild oder beides? Haben Sie ein Feld- oder Waldrevier, oder jagen Sie im Hochgebirge? Soll Ihr Hund bei Drückjagden Schalenwild auf die Läufe bringen oder krankes Wild nachsuchen? Soll er Enten oder Hasen apportieren oder Füchse aus ihren Bauen springen lassen? Und wie oft kann der Hund überhaupt jagdlich eingesetzt werden?

Schon wenige Beispiele dürften das verdeutlichen: Wenn Sie nur an zwei Drückjagden im Jahr teilnehmen, brauchen Sie keinen hoch passionierten Stöberhund – denn wie beschäftigen Sie ihn an den 363 anderen Tagen? Und wenn Sie keine Baujagd betreiben, aber in einer Gegend mit gutem Fuchs- und Dachsbesatz leben, sollten Sie sich gut überlegen, ob Sie einen Erdhund anschaffen, den Sie dann immer mal wieder aus irgendeinem Bau ausgraben müssen, in den er beim Sonntagsspaziergang eingefahren ist. Auch ein reiner Schweißhund ist ganz sicher keine gute Wahl, wenn Sie selbst nicht die Zeit oder körperliche Fitness haben, eine erschwerte Nachsuche durchzustehen.

Das alles klingt trivial und selbstverständlich. Aber leider zeigt die Erfahrung, dass viele angehende Hundeführerinnen und Hundeführer die eigenen Möglichkeiten und Fähigkeiten falsch einschätzen. Oft deswegen, weil sie von durchaus guten Vorsätzen und Wunschvorstellungen ausgehen – die nur leider nicht realistisch sind. Solchen wie: »Wenn der Hund erst mal da ist, gehe ich mehr ins Revier/joggen wir regelmäßig/lerne ich endlich Pirschzeichen zu lesen/nehme ich meinen Jahresurlaub in der Drückjagdsaison« und so weiter. Wenn es dann doch anders kommt, was ja bekanntlich im Leben oft und vielleicht sogar meistens so ist, kann ein auf dieser Grundlage ausgewählter Hund schnell problematisch werden, wobei dann genau besehen ja nicht der Hund problematisch ist, sondern Sie.

Übrigens tun zwar viele Hundeführer (und Hundeführerinnen) so, als seien sie täglich auf der Jagd und würden ihre Hunde dabei jagdlich einsetzen. Ein Blick in die Statistik zeigt aber, dass das nicht stimmen kann, denn die Berufsjäger und Vertreter anderer »grüner Berufe« sind heute deutlich in der Unterzahl, die große Mehrheit der Jagdscheininhaberinnen und -inhaber jagt in ihrer Freizeit, und die ist mal mehr, mal weniger knapp bemessen. Deswegen verbringen ziemlich viele Jagdhunde ziemlich viele Stunden neben dem Schreibtisch oder auf dem Sofa und sind nicht selten über viele Stunden allein zu Hause. Das ist grundsätzlich nicht problematisch; ausgeglichene Hunde verdösen ohnehin die meiste Zeit des Tages, sofern sie dann aber auch ausreichend beschäftigt, gefordert und gefördert werden, sei es neben dem Rad, im Stadtpark oder eben im Revier.

© karpichenko/Stock.adobe.com

Wer kümmert sich um den Hund?

Wenn die jagdlichen Einsatzmöglichkeiten geklärt sind, stellt sich also die Frage nach der Zeit, die Sie und andere gemeinsam mit dem Hund verbringen möchten und können. Jeder Hund braucht Nähe, Bewegung und Beschäftigung – ausnahmslos jeder! Mit Nähe und Bewegung sind Spiele, Sport und Reviergänge gemeint, und mit Beschäftigung die Forderung und Förderung seiner Instinkte sowie Anlagen im jagdlichen Training und später dann im Einsatz. Zwei schnelle Gassigänge im nächsten Grünstreifen mögen an einem Regentag ausnahmsweise ausreichen, dürfen aber keineswegs der Regelfall sein: Ein Hund fordert von Ihnen, was man »echte Qualitätszeit« nennt.

Es ist einfach Unsinn zu glauben, dass es Rassen gebe, die genetisch bedingt wenig oder keine Zuwendung benötigten, also Hunde, die Sie außerhalb des Jagdbetriebs dauerhaft irgendwo alleine ablegen könnten, ohne den Tieren damit erheblich zu schaden. Ein Züchter oder Händler, der Ihnen so etwas weismachen will, ist nicht seriös. Und auch wenn der Terrier eines Bekannten am liebsten auf seiner Matte döst, was durchaus vorkommen kann, können Sie daraus wirklich nicht auf alle Terrier schließen. Ebenso wenig lässt sich pauschal sagen, wie viel von Ihrer Zeit Ihr künftiger Gefährte beanspruchen wird, das hängt nämlich stark vom Temperament des Hundes ab. Selbst Wurfgeschwister unterscheiden sich mitunter erheblich. Aber eine Regel lässt sich wohl aufstellen: Junge und passionierte Jagdhunde brauchen viel Zeit, zwei bis drei Stunden täglich sollten Sie auch an Tagen ohne Jagd einplanen und am Wochenende gerne mehr.

Haben Sie diese Zeit? Und möchten Sie die auch wirklich aufbringen? Täglich und bei Wind und Wetter? Wie sind Ihre Urlaubsgewohnheiten? Machen Sie Fernreisen oder fahren Sie mit dem Wohnmobil in den Harz? Und wie steht es um die anderen Menschen in Ihrem Haushalt, meist also um Familienmitglieder? Werden sich Ihre Partnerin oder Ihr Partner mit um den Hund kümmern? Ihre Kinder? Wenn das so ist, kommen Sie selbst womöglich mit weniger Zeitaufwand täglich aus und für Ihren Hund kann das spannend und abwechslungsreich sein. So ein Hund wird Ihre Familie ungemein bereichern. Behauptungen wie die, dass ein Leben in der Familie den Hund verweichliche und für die Jagd unbrauchbar mache, können Sie getrost ins Reich der Märchen und Irrtümer schieben.

Ganz real aber ist, dass vielleicht nicht alle Familienmitglieder Hundehaare auf dem Sofa und Pfotenabdrücke auf den Fliesen hinnehmen werden. Und dass Ihre zwölfjährige Tochter einen Labrador Retriever nicht mehr wird halten können, wenn er dann ein Jahr alt ist und mit 38 Kilogramm Lebendgewicht an der Leine zieht. Bedenken Sie das, wenn diese Tochter eine Bezugsperson für den Hund sein soll, und planen Sie besonders viel Zeit zum Trainieren der Leinenführigkeit ein. Nächste Frage: Wird Ihr Sohn auch in der Pubertät noch die gleiche Begeisterung für den Hund zeigen? Mit einem Deutsch Kurzhaar an der Leine kann er eventuell bei den Kumpels Eindruck schinden und ein Borderterrier erweicht das andere Geschlecht. Aber es könnte auch sein, dass der Sohnemann plötzlich nur noch zwischen Smartphone und Gaming-PC oszilliert. Aber selbst dann, wenn beide Kinder sich perfekt um den Hund kümmern sollten, kommt der Zeitpunkt, an dem sie zum Studium in die weitestmöglich entfernte Universitätsstadt ziehen, schneller als gedacht. Ihr Vierläufer ist dann noch lange nicht alt und braucht immer noch die tägliche Zuwendung. Dann sind Sie wieder gefragt.

Wichtig ist auch, wie viel Erfahrung Sie und alle Bezugspersonen mit Hunden haben. Es gibt Hunderassen, die als sehr eigensinnig gelten. Solche Hunde fordern in Erziehung und Ausbildung noch deutlichere Konsequenz als alle anderen Hunde und gelten deswegen eher nicht als »Anfängerhunde«. Selbst wenn Sie persönlich hundeerfahren sind, müssen Sie sich fragen, ob alle Menschen in Ihrem Haushalt das auch sind. Werden die ebenso konsequent sein wie Sie selbst oder werden die Ihre Erziehung konterkarieren? Das einfachste Beispiel: Werden sie dem Dackelblick standhalten, wenn der Welpe am Tisch bettelt oder ihm doch schnell etwas vom Teller abgeben? Dann sollten Sie besser eine Rasse auswählen, die als weniger eigensinnig gilt und einen stark ausgeprägten will to please hat. Welche das sein könnte, wird später noch beschrieben.

Welche Haltungsbedingungen biete ich?

Eine dritte Frage, die Sie sich stellen und ehrlich beantworten sollten, bevor Sie zur Wahl der Rasse schreiten, ist die nach den Haltungsbedingungen. Dass ein Hund weder alleine im Zwinger noch an der Laufkette gehalten werden darf, sollte nicht erst seit dem Verbot solcher Haltungsformen durch die Tierschutz-Hundeverordnung von 2022 klar sein. Solche Haltungsbedingungen sind wider die Natur von Canis lupus familiaris (!) und nicht tierschutzgerecht. Hunde sind hoch soziale Tiere, die den Kontakt zu anderen Tieren brauchen. Anderenfalls können sie ernsthafte Neurosen und Verhaltensauffälligkeiten entwickeln, nicht selten auch eine gesteigerte Aggressivität. Es geht bei den Haltungsbedingungen also zunächst und vor allem um Artgerechtigkeit. Aber auch jagdlich sind gestörte Hunde nicht einsetzbar, jedenfalls nicht unter den Bedingungen moderner Formen der Jagd.

Die anderen Tiere – das können andere Hunde sein, aber auch wir Menschen. Im Laufe der jahrtausendelangen Koevolution von Hominiden und Caniden haben die Hunde sich derart eng in Beziehung zu uns entwickelt, dass sie uns als Artgenossen wahrnehmen. Mit anderen Worten: Ihr Hund weiß nichts von biologischer Taxonomie und unterscheidet nicht danach. Deswegen ist das häufig spaßeshalber gewählte Wort »Rudel« für eine Mensch-Hunde-Gemeinschaft gar nicht falsch, zumindest nicht aus Sicht der Hunde. Es kann in der Haltung, Erziehung und Ausbildung Ihres künftigen Jagdgefährten jedenfalls nicht schaden, wenn Sie sich als »Rudel« verstehen. Aber vielleicht tragen wir hier gerade Eulen nach Athen. Wenn Sie ein Buch wie dieses zur Hand nehmen, bevor Sie sich einen Hund anschaffen, dann tun Sie Letzteres ganz offensichtlich nicht gedankenlos. Wahrscheinlich ist es für Sie selbstverständlich, dass der Vierläufer zumindest

© Anna Auerbach/stock.adobe.com

Der Magyar Vizsla ist in erster Linie ein Jagdhund, ein Arbeitshund, der beschäftigt werden möchte.

die überwiegende Zeit mit Ihnen gemeinsam in Haus oder Wohnung leben wird. Übrigens brauchen Sie sich keine Sorgen zu machen, ob die Räumlichkeiten groß genug sind: Auch ein großer Hund braucht nicht viel Platz. Diese Behauptung hört und liest man zwar immer wieder, aber das macht sie nicht richtiger. In den Innenräumen braucht ein Hund eigentlich nur eine eigene Ecke, in die er sich zurückziehen kann. Das kann eine Matte sein oder auch eine Box. Gespielt, getobt und gejagt wird draußen.

Ein großer und im Idealfall sicher umzäunter Garten hingegen kann sehr entlastend sein. Sie müssen dann nicht für jeden Gassigang selbst mit raus. Wenn Sie mehr als einen Hund halten, beschäftigen die Hunde sich vielleicht miteinander und manche spielen auch alleine oder erschnüffeln sich die Welt. Aber Achtung: Wenn Sie nicht dabei sind, werden sich Ihre Hunde auch ungewollte Verhaltensweisen angewöhnen wie Rosen ausbuddeln oder Passanten am Zaun verbellen. Eine nicht ganz ernst gemeinte Faustregel lautet: Hunde schauen sich untereinander vor allem Blödsinn ab. Es ist immer besser, wenn Sie dabei sind.

So weit die drei Fragen. Jetzt seien Sie bitte ehrlich mit sich. Nehmen Sie sich ein Blatt Papier und notieren darauf, wie und wo Sie welches Wild bejagen und was Ihr künftiger Jagdgefährte dabei leisten soll; wer sich tatsächlich im Alltag um den Hund kümmern wird und welche Haltungsbedingungen Sie bieten können. Qualifizieren und gewichten Sie das gegebenenfalls und wägen Sie ab. Wenn Sie anschließend starke Zweifel befallen, ob Sie überhaupt einen Jagdhund halten und führen können – lassen Sie es bitte sein und denken zu einem späteren Zeitpunkt noch einmal darüber nach. Wenn nicht, suchen Sie sich im nächsten Schritt eine passende Rasse aus.

DIE JAGDHUNDERASSEN IN DEUTSCHLAND

© Egooktamuck/stock.adobe.com

Der Irish Red Setter ist ein klassischer englischer Vorstehhund, der sich durch seine schnelle Suche und seinen besonderen Stil auszeichnet.

Der JGHV ordnet die in Deutschland anerkannten Jagdhunderassen in sechs Kategorien, nämlich in:

1. Vorstehhunde
2. Stöberhunde
3. Schweißhunde
4. Erdhunde
5. Jagende Hunde
6. Apportierhunde

© Jörg Marr

Zwei Steirische Rauhhaarbracken im jagdlichen Einsatz

Die nordischen Hunde werden manchmal zu den Stöberhunden gezählt, manchmal auch als eigene Kategorie geführt. Denn die Laiki, die in der DDR durchaus häufig geführt wurden und dort »sonstige Hunde« hießen, sind erst mit der deutschen Einheit ins Register aufgenommen worden und passen in keine der Kategorien zu hundert Prozent.

Viele Vertreter dieser Rassen sind reine Spezialisten, die hervorragend vorstehen, stöbern, Schweißfährten arbeiten, Wild aus Erdbauen drücken, spur- und fährtenlaut jagen oder apportieren. Sie leisten in ihrem Bereich Großartiges, aber sind in den übrigen weniger gut zu gebrauchen. Manche beherrschen auch zwei oder drei dieser Einsatzbereiche. Andere sind ausgesprochene Allrounder, die im Jagdbetrieb vielfältig einsetzbar sind. Allerdings gilt hier die Faustregel: Sie werden kaum einen Hund finden, der in allen Bereichen herausragend arbeitet. Da geht es den Hunden wie den Menschen.

Es ist an dieser Stelle natürlich nicht möglich, alle 104 derzeit anerkannten Hunderassen einzeln vorzustellen. Aber es können die gemeinsamen Rassemerkmale der Hunde in den Kategorien beschrieben und einige Beispiele gegeben werden. Wenn Sie Ihre Selbsteinschätzung aus dem vorherigen Abschnitt damit abgleichen, sollte sich die Auswahl schon deutlich reduzieren. Zu den einzelnen Rassen in Ihrer engeren Auswahl finden Sie leicht ausgiebige Informationen, beispielsweise auf den Internetseiten von DJV, JGHV und VDH oder bei den Zuchtverbänden und natürlich im Buchhandel.

Link-Tipp:
https://www.jagdverband.de/rund-um-die-jagd/jagdhundewesen
Hier finden Sie auch eine gemeinsame Broschüre von DJV und JGHV zum Download mit vielen Infos und Links.

Natürlich sind diese Rassemerkmale nur typische und angestrebte Merkmale, also jene Merkmale, auf die in der Zucht dieser Rasse selektiert wurde und wird. Es sind nur Wahrscheinlichkeiten, denn jedes Individuum ist eigen, auch unter den Hunden. Folglich gibt es keine Garantie, dass oder in welchem Maße sich Ihr Welpe zu einem rassetypischen Hund entwickelt. Wie überall bestätigen vielmehr die Ausnahmen die Regel: Es gibt Erdhunde, die erfolgreich erschwerte Nachsuchen meistern, und Vorstehhunde, die langsam und mit tiefer Nase stöbern. Sie können auch einen Terrier bekommen, der am liebsten auf der Couch liegt, oder eine Bracke, die apportiert und freiwillig in den See springt.

Das alles gibt es. Aber wahrscheinlich ist es nicht. Gehen Sie besser davon aus, dass Ihr Welpe nicht aus der Art respektive Rasse schlagen wird. Lassen Sie sich bei der Auswahl also nicht von der Hoffnung auf Ausnahmen verleiten, sondern entscheiden Sie aufgrund der rassetypischen Merkmale. Überraschungen werden Sie auch so erleben, versprochen.

Hinweis:
Informieren Sie sich auch über typische Krankheiten der Rassen.

Auch wenn die Zuchtverbände sich heute bemühen, das Risiko gering zu halten, kommen bei vielen Rassen spezifische Erbkrankheiten vor.

Vorstehhunde

Die JGHV-Kategorie der Vorstehhunde umfasst eine große Zahl an Rassen, derzeit sind es 35. Die hierzulande häufigsten sind die deutschen Vorstehhunde (Deutsch Drahthaar, Langhaar und Kurzhaar). Der Drahthaar zählt mit mehr als 3.600 Welpen pro Jahr allein aus den beim VDH registrierten Würfen zu den häufigsten Hunden überhaupt (Nummer drei der Welpenstatistik 2021, nach Schäferhund mit über 10.000 und Teckel mit über 7.200 Welpen). Es sind vergleichsweise große Hunde mit einer Widerristhöhe um die 60 Zentimeter und mehr. »Widerrist« heißt der Übergang vom Hals zur Schulter, und die Widerristhöhe – auch Stockmaß genannt – ist der Abstand zwischen Widerrist und Boden, gemessen beim stehenden Hund parallel zu den Vorderläufen. Ähnlich groß sind Griffon und Pudelpointer. Weimaraner sind meist noch geringfügig größer, wenngleich schlanker. Auch Großer und Kleiner Münsterländer zählen zu den häufigen Vertretern dieser Gruppe, wobei letztere mit einer Widerristhöhe knapp über 50 Zentimeter kleiner sind. Auch englische (Pointer, Setter), ungarische

Deutsch Drahthaar-Welpen beim Spiel

Die Vorstehhunde werden in verschiedenen Farbschlägen gezüchtet.

(Magyar Vizsla), französische (Epagneul Breton, Braque Français) und andere Vorstehhunde sind vom JGHV anerkannt. Die Tabelle listet sämtliche Rassen auf.

Vorstehhunde werden auch gern als »Vollgebrauchshunde« bezeichnet. Das soll nicht heißen, dass Hunde anderer Rassen nur halb zu gebrauchen wären, auch wenn manche Züchterinnen und Züchter von Vorstehern das zu glauben scheinen. Es bedeutet vielmehr, dass diese Hunde auf Vielseitigkeit gezüchtet sind und nicht auf spezielle Einsatzgebiete. Beides hat Vor- und Nachteile. Die Vorstehhunde sind also Allrounder, die »vor und nach dem Schuss« vielfältig eingesetzt werden können. So richtig in ihrem Element sind sie bei der Feld- und Wasserarbeit. Das Niederwildrevier mit Hasen, Fasanen, Enten und – wo sie noch vorkommen – Rebhühnern, das ist die Domäne der Vorstehhunde. Sie spüren mit hoher Nase Wild auf, zeigen es an oder machen es hoch, sodass die Schützen es erlegen können. Und sie finden und apportieren erlegtes Wild »mit weicher Schnauze«, also so, dass es anschließend noch in der Küche verwendet werden kann. Für die Arbeit im herbstlichen oder auch winterlichen Schilfgürtel brauchen sie Härte und Ausdauer.

Viele arbeiten auch durchaus brauchbar auf der Schweißfährte und stöbern bei Drückjagden passioniert durch die Dickungen, wobei gut eingearbeitete Hunde »bogenrein« jagen, also nur begrenzte Bereiche durchstöbern und nicht der Versuchung erliegen auf eigene Faust jagen zu gehen. Die Raubwildschärfe ist nicht immer moderat, auch wenn das ein Zuchtziel ist. Es kann also passieren, dass Ihr Vorstehhund eines Tages Nachbars Katze jagt. Nur bei der Bauarbeit müssen die Vorsteher naturgemäß passen, denn ausnahmslos alle sind dafür einfach zu groß. Ihr namensgebendes

Merkmal, das Vorstehen, bezeichnet übrigens das Anzeigen von Wild durch Verharren mit angehobener Vorderpfote. Das tun zwar viele Hunde anderer Rassen auch, es ist ein angewölftes (= angeborenes) Merkmal, aber nur bei den Vorstehhunden hat man sich diese Eigenschaft jagdlich zunutze gemacht. Das Jagdverhalten aller Caniden ist eine Verhaltenskette aus Orten-Fixieren-Anpirschen-Hetzen/Jagen-Packen-Töten-Zerreißen-Fressen. Bei den Vorstehhunden wurde durch züchterische Selektion das Element Fixieren ausgeformt.

Einen gut eingearbeiteten Vorstehhund zu führen macht Freude: Diese Hunde sind führig, zeigen einen sicheren Gehorsam verbunden mit einer ausgeprägten Führerbezogenheit. Beides sind auch zentrale Selektionsmerkmale in der Zucht. Viele Vorstehhunde lassen sich nach konsequenter Erziehung und Ausbildung auch nahezu unbegrenzt am Rucksack oder unter dem Hochstand ablegen oder mittels Triller sogar von einem abspringenden Reh abrufen. Führerinnen und Führer anderen Rassen blicken darauf mitunter neidisch.

Allerdings hat das Generalistentum natürlich jagdlich gesehen auch seinen Preis: Ein Hund, der perfekt mit hoher Nase im weiten Feld die Hühner findet, wird selten ebenso perfekt mit tiefer Nase eine schwierige Wundfährte arbeiten können. Und eine starke Führerbezogenheit kann hinderlich sein, wo der Hund selbstständig und ohne stete Rückversicherung arbeiten muss, etwa im dichten Raps oder vom Stand geschnallt bei der Drückjagd. Außerdem stöbern nicht alle Vorstehhunde laut und besonders die hochläufigen Rassen sind oft zu schnell unterwegs, was beides für Wild und Schützen problematisch ist. Am Schwarzwild machen sich viele Vorstehhunde zwar gut, werden aber statistisch gesehen häufiger geschlagen als die »wendigeren« Terrier oder Bracken. Aber wie gesagt: Ihr Hund kann durchaus anders sein und sich perfekt im Hochwildrevier einsetzen lassen.

Deutsch Kurzhaar bei der Feldarbeit

Wenn Sie keinen echten Spezialisten suchen, ist ein Vorstehhund immer eine gute Wahl. Außerdem sind viele dieser Rassen sehr häufig, auch Welpen mit Papieren aus kontrollierter Zucht sind gut zu bekommen und Sie werden mit Sicherheit in Ihrer Nähe Züchterinnen und Züchter, Gleichgesinnte und Vereine, Gruppen zur Prüfungsvorbereitung und Prüfungsorte finden. An Prüfungen und Leistungsabzeichen für Vorstehhunde besteht ebenfalls kein Mangel. Am Ende eines langen Vorstehhundelebens können Sie mit dessen Urkunden eine Wand tapezieren, wenn Sie das mögen. Müssen Sie aber nicht.

Gut sozialisierte und ausgelastete Vorstehhunde sind in aller Regel auch friedliche Familienhunde. Weniger gut sozialisierte oder nicht ausgelastete Exemplare können dagegen sehr problematisch werden. Aber das gilt ausnahmslos für alle Hunde. Besser als manch andere lassen sich Vorstehhunde außerhalb der Jagd beschäftigen, etwa mit Apportier- und Suchspielen. Es ist daher auch nicht verwunderlich, dass sich viele Vorstehhunde wachsender Beliebtheit in Nicht-Jägerhaushalten erfreuen, etwa Magyar Viszla oder Kleiner Münsterländer. Allerdings sollten Sie, wenn Sie mit einem Vorstehhund liebäugeln, bedenken, dass besonders Exemplare der größeren Rassen und Schläge auch schon als Junghunde echte Kraftpakete sein können, die sich von zarteren Personen am Ende der Leine nicht bremsen lassen. Aber auch das trifft für viele andere Rassen zu.

Stöberhunde und Laiki

Stöbern heißt nicht, freudig und planlos durch Feld und Flur zu wuseln und alles Wild auf die Läufe beziehungsweise Schwingen zu bringen. Stöbern ist nicht Hetzen! Die Hetzjagd, wie sie früher praktiziert wurde, ist in Deutschland längst verboten. Gut eingearbeitete Stöberhund hetzen auch dann nicht, wenn sie bei der Drückjagd in der Meute unterwegs und weit entfernt vom Führer sind. Es kommt zwar gelegentlich vor, dass ein Hund bei der Drückjagd gesundes Wild hetzt, fasst und abtut, aber das ist nicht gewünscht. Auch wenn manch ein Hundeführer damit am Streckenplatz prahlt, so ist es einfach nur ein Ausbildungsmanko, das behoben werden muss, bevor der Hund ein nächstes Mal eingesetzt wird.

Das Tierschutzgesetz erlaubt das Hetzen nur, so weit das »die Grundsätze der Weidgerechtigkeit erfordern« (§ 3 Abs. 8 TSchG). Und dieses Erfordernis wird ausschließlich bei der Nachsuche gesehen, wenn der geschnallte Hund geschickt wird, das kranke Wild zu stellen, zu greifen oder abzutun, um es möglichst schnell von Schmerz und Leiden zu erlösen. Doch das ist nicht die Kernaufgabe von Stöberhunden.

Stöberhunde sollen zuerst und vor allem Spezialisten in unübersichtlichem Gelände und im Wald sein, die beim Buschieren auf Nieder- und Raubwild und bei Bewegungsjagden auf Schalenwild eingesetzt werden. Beim Buschieren ist die Führerbezogenheit wichtig, denn die Hunde dürfen nicht weiter als die Flintenschussentfernung vom Schützen entfernt arbeiten. Beim Stöbern hingegen sind sie Solojäger, die oft vom Stand geschnallt werden, Fährten aufnehmen und mit typischem Laut verfolgen, das Wild aufstöbern und auf die Läufe bringen. Idealerweise tun sie das ruhig und nicht zu schnell, ohne das Wild in Panik zu versetzen, damit die Schützen es waidgerecht erlegen können.

Der JGHV erkennt zurzeit fünf Stöberhundrassen und drei Laiki an. Einziger deutscher Stöberhund ist der Deutsche Wachtelhund, auch kurz Wachtel genannt. Optisch ähnelt er dem Deutsch Langhaar, ist aber mit einer Widerristhöhe um die 50 Zentimeter deutlich kleiner. Anders als der Name vermuten lässt, ist die Arbeit im Feld ursprünglich nicht die Domäne der Wachtelhunde. Zwar lassen sie sich hier einsetzen, etwa bei der Arbeit nach dem Schuss, und manche Wachtelhunde stehen auch vor oder arbeiten gut auf der Schweißfährte. Aber das sind keine zentralen Kriterien der Zuchtauswahl.

Auch beim kleineren English Cocker Spaniel deutet der Name auf ein ursprünglich anderes Einsatzgebiet (Cock = Hahn). Aber hierzulande wird er genau wie der Wachtelhund eingesetzt, wobei er als sehr führerbezogen gilt und deswegen vielleicht etwas besser buschiert als stöbert. Aber das ist natürlich auch eine Frage der Ausbildung. Die drei anderen Spaniel-Arten, nämlich Springer Spaniel, Welsh Springer Spaniel und Irish Water Spaniel, sieht man vergleichsweise selten in Deutschland.

Auch die drei Laika-Rassen – der Russisch-Europäische, der Ostsibirische und der Westsibirische – sind hierzulande eher selten. Dabei sind sie hervorragende Stöberhunde, die in ihren nordischen Heimatländern und in Skandinavien in großer

© Werner Nagel

Springer Spaniel

© MEISTERFOTO/stock.adobe.com

Deutscher Wachtel

Zahl eingesetzt werden. Es sind robuste und harte Hunde, die auch wehrhaftes Wild stellen und weithin hörbar Standlaut geben. Bei unseren typischen Ansitz-Drückjagden in relativ kleinen Revieren ist es allerdings problematisch, dass Laiki sehr weit und ohne Fährtenlaut zu geben jagen, also für Wild und Schützen plötzlich und überraschend auftauchen. Das Problem lässt sich zwar mit Glöckchen verringern, aber Glöckchen brauchen eine Halsung (= Hundehalsband in der Jägersprache) und werden leicht verloren. Ein Laika kehrt aber nicht dauernd zurück – wenn er erst einmal jagt, jagt er.

Die Einarbeitung eines spezialisierten Solojägers ist nicht einfach, denn sie kann naturgemäß nur sehr eingeschränkt unter direktem Zugriff der Hundeführerin oder des Hundeführers erfolgen. Es ist ein mehrfacher Spagat: Der Hund soll ja selbstständig sein und führerbezogen; er soll sich vom Stand wegbewegen, aber immer wieder dorthin zurückkehren; er soll das Wild auf die Läufe bringen, aber selbst keine Straßen oder Schienen überqueren; er soll Gesund- und Krankfährten unterscheiden, soll zügig arbeiten, aber nicht zu schnell und dabei deutlich Laut geben. Jeder Jagdherr wünscht sich gute Stöberhunde bei seinen Drückjagden, aber nicht jeder sieht es gern, wenn sie in seinem Revier ausgebildet werden und das Wild beunruhigen.

Deutscher Wachtelhund und English Cocker Spaniel sind vielleicht nicht ganz so vielseitig wie die meisten Vorstehhunde, können aber bei entsprechender Ausbildung und Förderung durchaus gute Allrounder sein. Einen ausgewachsenen Fuchsrüden werden zumindest Hunde kleinerer Schläge eher nicht apportieren (der ist zu schwer) oder aus dem Bau drücken (dazu sind sie zu groß). Als Familienhunde sind beide bestens geeignet, da sie vergleichsweise leichtführig sind und schnell lernen. Der hübsche Cocker ist denn auch häufig in Nicht-Jägerhaushalten zu finden. Wenn Sie sich für eine dieser Rassen entscheiden, achten Sie unbedingt darauf, dass Ihr Welpe aus jagdlicher Leistungszucht stammt und nicht nur auf Schönheit gezüchtet ist!

Die Laiki sind faszinierende, urtümliche Hunde, aber weniger vielseitig und auch nicht wirklich leichtführig. Ihre Ausbildung und auch die Haltung in der Familie erfordern viel Erfahrung und Konsequenz. Es ist sicher nicht falsch, Anfängern von diesen Rassen abzuraten.

Schweißhunde

Der JGHV ordnet derzeit nur zwei Rassen in die Kategorie der Schweißhunde ein: den Hannoverschen Schweißhund und den Bayerischen Gebirgsschweißhund. Der üblicherweise kräftige und gemessen an seiner Widerristhöhe um die 50 Zentimeter auch schwere Hannoversche Schweißhund zählt zu den ältesten heute noch gezüchteten Rassen. Er gilt als der Schweißhund schlechthin. Auch der leichtere und weniger massige Bayerische Gebirgsschweißhund wird schon seit Ende des 19. Jahrhunderts als eigenständige Rasse geführt, gezüchtet für den Einsatz im Hochgebirge, wo etwas weniger Gewicht gefragt war. Übrigens findet man heute Hunde beider Rassen im Gebirge ebenso wie im Flachland.

Die Alpenländische Dachsbracke wird manchmal in diese Kategorie gezählt, zumal sie im Nachbarland Österreich als Schweißhund anerkannt ist und die FCI diese Rasse zur Gruppe der Schweißhunde zählt. Und man könnte hier mit guten Gründen die Steirische Rauhhaarbracke einbeziehen, eine Parallelzüchtung zum Bayerischen Gebirgsschweißhund, deren züchterischer Ursprung um 1870 in der Verpaarung eines Istrianer Brackenrüdens mit einer Hannoverschen Schweißhündin liegt. Nicht nur in ihrer österreichischen Heimat werden Rauhhaarbracken oft als reine Schweißhunde geführt. Hier zeigt sich also einmal mehr, dass solcherart Kategorisierungen nur bedingt zur Einschätzung der tatsächlichen Einsatzgebiete Ihres Hundes taugen. Die vermeintliche Ordnung kann trügerisch sein.

Auch Hunde anderer Rassen und JGHV-Kategorien können bei entsprechender Ausbildung hervorragend auf der roten Fährte arbeiten. Und damit sind nicht nur einfache Totsuchen gemeint, wie sie in Ihrem jagdlichen Alltag häufiger vorkommen werden. Wenn eine Sau mit gutem Schuss und breiter Schweißfährte nur noch 50 Meter in die Dickung gegangen ist, findet sie auch Nachbars Lumpi (oder Sie selbst, ganz ohne Hund). Gemeint

Hannoverscher Schweißhund

© Werner Nagel

sind erschwerte Nachsuchen, etwa auf leicht verletztes Wild, auf Wild mit Lauf- oder Gebrechschüssen oder auf Wild mit inneren Verletzungen nach Verkehrsunfällen. Hier sind gut eingearbeitete Nachsuchengespanne gefragt, und dabei sind Ausbildung und Praxis genauso wichtig wie die angewölften Rassemerkmale. Das ist in der Praxis vielfach bewiesen und wird in der Fachliteratur immer betont. Auch in der belletristischen Jagdliteratur finden sich am Schweißriemen Teckel, Brandlbracken oder Wachtel.

Aber was auch immer andere Hunde können: Die beiden JGHV-Schweißhunde Hannoverscher Schweißhund und Bayerischer Gebirgsschweißhund sind auf der Schweißfährte echte Spezialisten. So gut wie nie werden sie anders eingesetzt, und Welpen beider Rassen werden üblicherweise ausschließlich in Jägerhand abgegeben, und zwar in die Hände erfahrener Jägerinnen und Jäger, die glaubhaft machen können, die Hunde ihrer Bestimmung gemäß einzusetzen, also auf der Nachsuche. Die entsprechenden Zuchtvereine sind da für ihr strenges Regime bekannt.

Davon ausgehend, dass Nachsuchen-Profis ein Buch wie dieses nicht mehr zurate ziehen dürften, könnte man diesen Abschnitt also hier beenden. Für Erstlingsführerinnen und -führer ist es schwierig bis unmöglich, einen Welpen dieser beiden Rassen zu ergattern, jedenfalls einen mit Papieren. Aber der Vollständigkeit halber soll kurz beschrieben werden, was die besondere Leistung dieser Hunde ist und wie sie sich abseits des jagdlichen Einsatzes machen.

Was also macht ihre Arbeit aus? Die zentralen Selektionsmerkmale bei der Zucht sind Nasenleistung, Finderwille und Ruhe am Riemen einerseits sowie Hetzfreude, Hetz- und Standlaut und Härte am Wild andererseits. Das macht sie zu echten Spezialisten auf der Fährte kranken Schalenwilds. Sie finden den Anschuss und verweisen Pirschzeichen, arbeiten sicher und konzentriert die Wundfährten, auch ohne Schweiß, nur nach Bodenverwundung, über Nacht und mehrere Kilometer, bei Regen und Schnee, Hitze und Trockenheit. Sie stellen und binden das Wild, bis die Nachsuchenführerin oder der -führer herangekommen ist und einen Fangschuss antragen kann (oder das Stück mit der kalten Waffe abfängt). Es ist immer wieder erstaunlich, zu was ein gut veranlagter und eingearbeiteter Schweißhund in der Lage ist – vorausgesetzt, der Mensch am anderen Ende des Riemens ist es auch!

Ausgelastete Schweißhunde sind also großartige Jagdgefährten und schon aufgrund ihrer ruhigen und souveränen Art auch gute Familienmitglieder. Aber sie sind – das dürfte schon deutlich geworden sein – nichts für Gelegenheitsjäger. Das ist keineswegs abwertend gemeint. Diese Hunde sind einfach hoch spezialisiert und passioniert. Vor einer Zuchtzulassung stehen diverse Prüfungen, und sie brauchen eine entsprechende Betätigung. Einen Hannoverschen oder Bayerischen Schweißhund können Sie nicht mit Stöckchenwerfen und Sonntagsspaziergängen auslasten. Deswegen gehören diese Hunde nur in die Hand von Menschen, die sehr professionell und sehr regelmäßig Nachsuchen machen.

Erdhunde

Die Vertreter der zehn Rassen, die in der Kategorie »Erdhunde« zusammengefasst werden, haben erst einmal nur eine Gemeinsamkeit: Sie sind nicht sehr groß. Das darf ein Hund auch nicht sein, der in Erdbaue »einschliefen« soll, um Fuchs und Dachs zu »sprengen«, das heißt zum »Springen« zu bringen beziehungsweise herauszudrücken, sodass die Schützen das Wild waidgerecht erlegen können. Unter bestimmten Umständen kann es auch gewünscht sein, dass der Hund das Raubwild packt und »abtut«, mit anderen Worten:

tötet. Dann sollte der Mut des Erdhundes umgekehrt proportional zu seiner Größe ausgeprägt sein.

Zu den Erdhunden zählen die verschiedenen Teckel und Terrier. Dass deren Drang ins Erdinnere angewölft ist, merken Sie nicht nur im jagdlichen Einsatz: Auch auf dem Reviergang kann es passieren, dass Ihr Vierläufer plötzlich in einem Loch verschwindet und partout nicht wieder auftauchen will. Manchmal reicht es, den Rucksack dort abzulegen und den Hund am nächsten Morgen einzusammeln. Manchmal helfen nur viele Hände und Spaten.

Der Name »Teckel« (so ist die übliche Bezeichnung im jagdlichen Kontext, außerhalb ist meist vom »Dackel« die Rede) leitet sich wahrscheinlich ursprünglich von »Dachs« ab, und den drei Vertretern dieser Rasse (Kurz-, Lang- und Rauhaarteckel) mit ihren kurzen Läufen und schmalen Brustkörben sieht man ihr historisches und gegenwärtiges Zuchtziel deutlich an, auch wenn sie heute erfolgreich auf der Schweißfährte und zum Stöbern eingesetzt werden. Nur beim Apport oder im hohen Schnee sind ihnen natürliche Grenzen gesetzt. Die kleinen, oft ziemlich intelligenten und rabiaten Draufgänger zählen hierzulande zu den häufigsten Hunden. Über 7.200 Welpen pro Jahr werden in der VDH-Statistik erfasst, Würfe ohne Ahnentafel hinzugenommen dürfte es ein Vielfaches sein.

Auch wenn der Teckel in keiner klischeehaften Darstellung des teutschen Forstmannes fehlen darf, werden die meisten heute gar nicht jagdlich geführt. Wahrscheinlich erliegen viele Menschen einfach ihrem sprichwörtlichen Blick und dem Irrglauben, dass kleine Hunde leichtführiger seien als große oder mit kleineren Wohnungen auskämen. Da können sie aber schnell eines Besseren belehrt werden: Kleine Teckel können große Sofas zerlegen, erbärmliche Kläffer werden

Rauhhaarteckel mit Nachsuchen-Bruch an der Halsung

und sich auch mit nur acht oder neun Kilogramm Kampfgewicht zu echten Tyrannen entwickeln, nicht nur gegenüber dem Briefträger. Andererseits werden sie bei ebenso zugewandter wie konsequenter Erziehung hervorragende Jagdgefährten und dankbare Familienhunde.

Im Erdbau mindestens ebenso hilfreich wie kurze Beine ist ein schmaler Brustkorb, wie ihn auch die verschiedenen Terrier aufweisen. Anders als die Teckel sind diese zwar ebenfalls klein und leicht, aber ausgewogener proportioniert (Teckelfreunde mögen diese Einschätzung verzeihen). Schon der Name lässt darauf schließen, dass die Terrier zu den Erdhunden gezählt werden (von Terra = Erde).

Vom JGHV anerkannt sind derzeit Border Terrier, Deutscher Jagdterrier, Foxterrier, Irish Terrier, Jack Russell Terrier, Parson Russell Terrier und seit Kurzem auch Westfalenterrier. Bis auf diesen und den Deutschen Terrier sind es ursprünglich Züchtungen aus Großbritannien für dort typische Jagdarten, wie etwa die traditionelle Fuchsjagd, wobei die Terrier erst zum Einsatz kamen, wenn es dem von der Meute gehetzten Fuchs gelungen sein sollte, irgendwo einzuschliefen. Sie wurden also nicht in der Meute eingesetzt.

Wie bei allen Rassen – darauf wurde jetzt schon mehrfach hingewiesen – sind Beschreibungen von allgemeinen, rassetypischen Verhaltensmerkmalen mit Vorsicht zu genießen. Aber vielleicht lässt sich sagen, dass viele Terrier mutig bis draufgängerisch sind und mitunter eine erstaunliche Energie und Ausdauer an den Tag legen. Auf der Jagd erbringen sie Höchstleitungen, und das nicht nur unter der Erde, sondern mittlerweile auch bei der Schweiß- und Wasserarbeit und beim Stöbern auf Schalenwild. Wenn Sie einmal die Narben eines Deutschen Jagdterriers zählen, der schon ein paar Jahre im Einsatz ist, bekommen Sie jedenfalls eine Vorstellung davon, wie diese Hunde an Keilern oder Bachen arbeiten. Manche nennen es Kampfgeist, andere Hirnlosigkeit (was jetzt bitte die Terrierfreunde verzeihen mögen). Über die Grundkenntnisse in Erster Hilfe für Hunde hinaus sollten Sie als Führerin oder Führer eines Terriers im jagdlichen Einsatz daher auch die Erstversorgung von offenen Wunden beherrschen.

Was oben zur Familientauglichkeit der Teckel gesagt wurde, gilt grundsätzlich auch für die verschiedenen Terrier. Wahrscheinlich brauchen die sogar noch mehr Bewegung und Beschäftigung, wenn sie auch mal ausgeglichen und entspannt auf dem Sofa liegen sollen. Ausgeglichenheit und Entspanntheit sind jedenfalls wahrscheinlich nicht die ersten Attribute, die einem beim Gedanken an Terrier einfallen.

Jagende Hunde (Bracken oder Laufhunde)

Die Bezeichnung »Jagende Hunde« für diese größte Kategorie der anerkannten Jagdhunde ist eigentlich nicht mehr zeitgemäß: Historisch dienten die Bracken dazu, bei Gesellschaftsjagden in der Meute oder als Solojäger die Spuren oder Fährten des Wildes aufzunehmen und laut zu verfolgen, bis es zur Strecke kam. Dabei unterschieden sich Wild- und Jagdarten stark über die Jahrhunderte, Länder und Kulturen. Brackierjagden gab es auf Nieder- und Hochwild, in Wald, Feld und Gebirge. Die Jäger folgten zu Fuß oder Pferde und fingen das gestellte Wild mit kalter Waffe ab oder erlegten es vom Stand vor den Hunden. Neben der Spur- und Fährtentreue war die langsame Jagd der Hunde wichtig, denn das Wild sollte nicht gehetzt, sondern den Jägern so zugeführt werden, dass sie es erlegen konnten.

Wenn Sie dabei an die farbenfrohen britischen Fuchsjagden oder an den Hörnerschall französischer Parforcejagden auf den Rothirsch denken, liegen Sie zwar richtig, aber die sind hierzulande aus Tierschutzgründen schon lange verboten oder werden allenfalls im Rahmen von Brauchtumspflege ohne lebendes Wild durchgeführt. In den letzten Jahrzehnten wurde ohnehin mehr auf Fuchs und Hase »brackiert«. Allerdings macht das nur in großen, geschlossenen Gebieten Sinn, in denen die Hunde ihr Potenzial auch wirklich einsetzen können. Entsprechend erlaubt das Bundesjagdgesetz die Brackierjagd auch nur auf Flächen von mindestens 1.000 Hektar – mithin in Revieren einer Größe, die heute eher selten ist – so selten wie die Hasen.

Auch wenn Sie voller Vorfreude schon Pferd und rotes Jackett angeschafft haben, Ihren Hund werden Sie also mit Brackierjagden im eigentlichen Sinne des Begriffs nicht ausreichend beschäftigen können. Deswegen macht die Kategorie »Jagende Hunde« begrifflich keinen Sinn mehr. Die FCI ordnet diese

Hunde übrigens gemeinsam mit Schweißhunden und verwandten Rassen einer gemeinsamen Gruppe zu, und das trifft es weitaus besser. Denn Bracken sind heute in erster Linie Stöber- und Schweißhunde: Sie stöbern typischerweise auf Ansitz-Drückjagden als Solojäger oder in kleinen Meuten vor den durchgehenden Hundeführerinnen und -führern oder werden vom Stand geschnallt. Dabei arbeiten sie oft selbstständiger und weiter entfernt als die Vorsteh- und Stöberhunde, was jagdlich vorteilhaft sein kann, aber besonders in kleinen Revieren mit angrenzenden Straßen und Schienen auch gefährlich (vor allem für die Hunde selbst). Andere Bracken werden als Spezialisten auf der roten Fährte eingearbeitet und erfolgreich geführt.

Steirische Rauhhaarbracken

Es ist hier nicht der Raum, die Rassemerkmale der derzeit in Deutschland anerkannten 43 Rassen dieser Kategorie zu differenzieren. Die Deutsche oder Olper Bracke beispielsweise ist ein mittelgroßer, schlanker und hochläufiger Hund mit kurzem, mehrfarbigem Haar. Die verschiedenen Dachsbracken sind kurzläufiger, was sie aber nicht schlechter stöbern lässt. Die Alpenländische Dachsbracke wird, wie bereits beschrieben, auch oft als reiner Schweißhund geführt. Aus Österreich stammen unter anderem Brandlbracke und Steirische Rauhhaarbracke, zwei mittelgroße und schlanke Rassen. Beide sind passionierte Stöberhunde und ausgezeichnete Schweißhunde mit gut ausgeprägter Wildschärfe. Häufig sieht man hierzulande den englischen Beagle, und auch der Slovenský Kopov ist mehr und mehr im Einsatz.

Bei allen Differenzen lässt sich vielleicht feststellen, dass gut ausgebildete Bracken sehr eigenständig und wesensfest sind, oft auch eigensinnig, um nicht zu sagen stur. Das ist nicht abschätzig gemeint, und es ist auch nicht verwunderlich. Die Eigenständigkeit war und ist schließlich eines der zentralen Selektionsmerkmale in der Zucht. Als echte Solojägerin muss eine Bracke selbstständig Entscheidungen treffen, denn ihre Führerin oder ihr Führer sind unter Umständen weit entfernt, wenn der Hund ans Wild kommt. Dabei sind Bracken aber auch erstaunlich sensibel: Wenn Sie versuchen, der Eigensinnigkeit mit Lautstärke und Härte zu begegnen, wird Ihre Bracke Ihnen das lange übel nehmen. Michael Tandler bringt es in seinem

Buch »Bracken im jagdlichen Einsatz« auf den Punkt: »Wer einen Jagdhund ausbilden will, braucht dazu Einfühlungsvermögen, Ruhe und Ausgeglichenheit, Konsequenz und Geduld. Wer eine Bracke ausbilden will, braucht von allem ein wenig mehr.«

> **Literaturtipp:**
> Michael Tandler (Hrsg.): Bracken im jagdlichen Einsatz, *Melsungen 1996.*

Und wie steht es um die Familientauglichkeit? Einerseits sind Bracken zu Hause sehr umgänglich, jedenfalls sofern sie ausgelastet und ausgeglichen sind. Sofern keine frische Wildfährte durch Ihr Wohnzimmer führt, können Sie eine Bracke so erziehen, dass sie im Haus super funktioniert. In aller Regel entwickeln Bracken auch keine übertriebene Wachsamkeit und lassen Briefträger und Besucher am Leben. Diese Hunde können durchaus angenehme Mitbewohner und manchmal auch richtiggehend verkuschelt sein. Allerdings macht sich in Erziehung und Ausbildung natürlich auch die oben bereits erwähnte Eigensinnigkeit bemerkbar. Gehorsamspunkte sammeln Sie mit Bracken eher nicht.

Ein kleiner Minuspunkt bei der Familientauglichkeit ist außerdem, dass sich viele Bracken außerhalb der Jagd nicht wirklich gut beschäftigen lassen: Sie spielen nicht gern, apportieren nicht, gehen nicht ins Wasser. Ausnahmen bestätigen auch hier die Regel, aber die Chance, dass Sie einen Hund bekommen, der sich gelangweilt abwendet, wenn Sie mit dem Apportel wedeln, ist bei Bracken groß. Allein mit sich im Garten werden die meisten eher nicht mit dem Ball spielen, eher schon gewaltige Löcher buddeln oder jagen, was es in Ihrem Garten zu jagen gibt (Vögel, Mäuse, Marder ...). Und beim Reviergang nehmen Sie eine Bracke besser an die Leine, denn wenn eine frische Hasenspur oder Rehwildfährte lockt, kennt sie möglicherweise keinen Rückruf mehr, egal, wie gründlich Sie den trainiert haben. Dann bringt sie im Umkreis von zwei oder mehr Kilometern alles Wild auf die Läufe und kehrt erst nach Stunden zurück – erschöpft, aber glücklich. Versuchen Sie ruhig, Ihrer Bracke das abzugewöhnen, manchmal gelingt das sogar. Das wird jedenfalls behauptet.

Apportierhunde

Wenn in der Fernsehwerbung der 1970er- oder 80er-Jahre eine glückliche Familie dargestellt wurde, dann oft mit einem quietschgesunden Irish Setter beim Apportieren – ganz gleich, ob es um Schmelzkäse, Weichspüler oder Hundefutter ging. Der langhaarige rote Ire galt als besonders schön und familienfreundlich, und apportieren können Vorstehhunde schließlich auch. Allerdings wohl nicht gut genug, jedenfalls nicht für britische Verhältnisse. Deswegen wurden in England hoch spezialisierte Apportierhunde gezüchtet und folgerichtig Retriever genannt (vom englischen to retrieve = zurückbringen). Das sind kräftige und große Hunde mit dichtem Haar und Unterwolle, allzeit bereit, Ente, Fasan oder Grouse aus eiskaltem Wasser oder den Weiten der Highlands zu holen und zum Schützen zu bringen. Von der Insel aus haben die Hunde längst den Kontinent erobert.

Die beiden bekanntesten Vertreter dieser Kategorie sind zweifellos Labrador und Golden Retriever. Ersterer erhielt seinen Namen von seinen Vorfahren, die von der kanadischen Ostküste stammen. Letzterer wurde schlicht nach seinem goldlockigen Haar benannt. Beide wurden in England schon zu Beginn des 20. Jahrhunderts als eigenständige Rassen anerkannt. Weniger bekannt dürften Chesapeake Bay Retriever, Curly-Coated Retriever, Flat-Coated Retriever und Nova Scotia

Duck Tolling Retriever sein, obwohl sie auch hierzulande in den letzten Jahren häufiger zu sehen sind. Aber deren Welpenzahlen reichen noch nicht annähernd an die von »Labbi« und »Goldi« heran: Die VDH-Mitgliedsvereine meldeten 2021 für diese beiden Rassen rund 3.200 beziehungsweise 2.400 Welpen. Damit führen die Retriever nach Schäferhund, Teckel und Deutsch Drahthaar die Liste der in Deutschland beliebtesten Hunderassen an. Hinzu kommt ein Vielfaches an Hunden ohne Ahnentafel, was nicht per se schlecht sein muss (auf den illegalen Welpenhandel wird an anderer Stelle noch eingegangen).

Es dürfte jedenfalls nicht schwierig sein, im Umkreis von 50 oder 100 Kilometern einen Zwinger (die Zuchtstätten werden »Zwinger« genannt, auch wenn deren Hunde nicht im Zwinger leben) mit baldiger Wurferwartung zu finden, und auch als Erstlingsführerin oder -führer werden Sie einen Welpen erwerben können. Wenn Sie einen Retriever jagdlich führen möchten, achten Sie aber unbedingt darauf, einen Welpen aus einer Arbeitslinie zu bekommen, also aus jagdlicher Leistungszucht, nicht aus einer Showlinie. Letztere gelten zwar als noch leichtführiger, aber eben nicht als jagdlich gut veranlagt.

Ihre hervorragende Nase prädestiniert Retriever als Blindenführhunde, Begleithunde oder Such- und Rettungshunde. Im jagdlichen Einsatz sieht man sie hierzulande vergleichsweise selten. Wenn, dann werden sie im Niederwildrevier wie Vorstehhunde eingesetzt, also zum Apportieren von krankem oder erlegtem Wild zu Wasser und zu Lande sowie zum Stöbern unter der Flinte. In diesem Einsatz zeigt sich immer noch, dass Kooperation mit dem Menschen und Führerbezogenheit ursprüngliche Zuchtziele waren. Diese Hunde haben einen ausgeprägten will to please, das macht sie leichtführig, auch vergleichsweise leicht zu erziehen und auszubilden. Schon ein durchschnittlich veranlagter und halbwegs ausgebildeter Retriever wird die Ente suchen, finden, aufnehmen und freudig zu Ihnen bringen, ohne sie als Beute für sich zu beanspruchen oder gar anzuschneiden.

Im Hochwildrevier sind Retriever noch seltener zu sehen. Die einfache, alltägliche Totsuche auf Frischling oder Bock meistern sie natürlich, wenn auch oft mit hoher Nase. Aber in aller Regel eignen sich Hunde dieser Rassen nicht für die ernsthafte Schweißarbeit. Der Grund liegt in ihrer sehr geringen Wildschärfe: Hetzen und Stellen von wehrhaftem Wild sind wirklich nicht ihr Ding. Und gegen den Einsatz bei der Drückjagd spricht, dass sie schnell und ohne Laut zu geben stöbern. Vielleicht kann es Ihnen gelingen, einem Retriever die tiefe Nase oder guten Fährtenlaut anzuerziehen. So etwas soll durchaus vorkommen, aber es dürfte schwieriger sein als bei vielen anderen Rassen.

Kurzum: Im Schalenwildrevier wäre ein Retriever keine gute Wahl. Wenn Sie hingegen einen echten Jagdgefährten im Niederwildrevier suchen, kann es durchaus ein Retriever sein. Falls Sie oder Ihre Familie sich zudem für Hundesportarten wie Obedience, Dummytraining oder Agility begeistern können oder das Familienleben ohnehin im Vordergrund der Hundewahl steht, rücken die Retriever wahrscheinlich sogar in die erste Reihe der möglichen Rassen.

Ausgelastete und gut sozialisierte Retriever sind wohl tatsächlich die perfekten Familienhunde. Aber Achtung, auch hier gilt: Das stellt sich alles nicht von allein ein, selbst einen Retriever müssen Sie einfühlsam und konsequent erziehen. Aber er macht Ihnen das vielleicht etwas leichter als eine Steirische Rauhhaarbracke oder ein Deutscher Jagdterrier.

Golden Retriever zählen hierzulande zu den beliebtesten Familienhunden und können auch gute Jagdgefährten werden.

© CallallooFred/stock.adobe.com

Nr.	Kategorien	Rassen
1	Vorstehhunde	Barbet, Böhmisch Rauhbart, Bracco Italiano, Braque d'Auvergne, Braque de l'Ariège, Braque du Bourbonnais, Braque Français, Braque Saint-Germain, Deutsch Drahthaar, Deutsch Kurzhaar, Deutsch Langhaar, Deutsch Stichelhaar, Drentsche Patrijshond, English Pointer, English Setter, Epagneul Bleu de Picardie, Epagneul Breton, Epagneul Picard, Epagneul de Pont-Audemer, Epagneul Français, Gammel Dansk Hønsehund, Gordon Setter, Griffon, Großer Münsterländer, Irish Red Setter, Irish Red and White Setter, Kleiner Münsterländer, Magyar vizsla (Ungarisch Drahthaar/Kurzhaar), Perdigueiro de Burgos, Perdigueiro Portugês, Pudelpointer, Slowakischer Rauhbart, Spinone Italiano, Stabijhoun, Weimaraner (Langhaar/Kurzhaar)
2	Stöberhunde (mit den nordischen Hunden)	Deutscher Wachtelhund, English Cocker Spaniel, English Springer Spaniel, Ostsibirischer Laika, Russisch-Europäischer Laika, Welsh Springer Spaniel, Westsibirischer Laika
3	Schweißhunde	Bayerischer Gebirgsschweißhund, Hannoverscher Schweißhund
4	Erdhunde	Border Terrier, Deutscher Jagdterrier, Foxterrier, Irish Terrier, Jack Russell Terrier, Parson Russell Terrier, Teckel (Rau-, Lang- und Kurzhaar), Westfalenterrier
5	Jagende Hunde	Alpenländische Dachsbracke, Ariégois, Französischer Laufhund, Basset Bleu de Gascogne, Basset Fauvre de Bretagne, Beagle, Beagle Harrier, Billy, Black and Tan Coonhound, Bloodhound, Brandlbracke, Briquet Griffon Vendeen, Deutsche Bracke (Olper Bracke), Dreifarbiger Serbischer Laufhund, Foxhound, Français Blanc et noir, Français Tricolor, Gonczy Polski, Grand Anglo Français, Grand Basset Griffon Vendeen, Grand Bleu de Gascogne, Grand Griffon Vendeen, Griffon Bleu de Gascogne, Griffon Fauve de Bretagne, Griffon Nivernais, Harrier, Istrianer Kurzhaar-/Rauhaarbracke, Montenegrinischer Gebirgslaufhund, Ogar Polski, Petit Basset Griffon Vendeen, Petit Bleu de Gascogne, Petit Gascon Saintongeois, Save-Bracke, Schwarzwildbracke (Kopov), Schweizer Laufhund, Schweizer Niederlaufhund, Serbische Bracke, Sergugio Italiano a pelo forte, Sergugio Italiano a pelo raso, Siebenbürger Bracke, Smalandsstövare, Steirische Rauhhaarbracke, Tiroler Bracke, Westfälische Dachsbracke
6	Apportierhunde	Chesapeake Bay Retriever, Curly-Coated Retriever, Flat-Coated Retriever, Golden Retriever, Labrador Retriever, Nova Scotia Duck Tolling Retriever

DAS LEIDIGE KUPIEREN

Bei Ihrer Entscheidung für die eine oder andere Rasse könnte noch ein weiterer Punkt wichtig sein: das Kupieren. Bei vielen Jagdhunderassen, insbesondere – aber nicht nur – bei Vorstehhunden, werden den Welpen im Alter von drei oder vier Tagen die Ruten abgetrennt. Dabei wird die Haut ringsum eingeschnitten und zurückgezogen und die Rute zwischen den Wirbeln um etwa die Hälfte gekappt (früher sogar zwei Drittel und mehr). In der Regel wird dieser Eingriff von Tierärzten und unter Narkose vorgenommen.
Eigentlich ist das Kupieren ohne medizinische Indikation laut § 6 des Tierschutzgesetzes verboten, und das schon seit Jahren. Allerdings öffnet Absatz 1b) des Paragrafen ein Türchen: Das Verbot gilt nämlich nicht, wenn »der Eingriff im Einzelfall … bei jagdlich zu führenden Hunden für die vorgesehene Nutzung des Tieres unerlässlich ist und tierärztliche Bedenken nicht entgegenstehen«.

Die Einschränkung »im Einzelfall« wird offensichtlich gerne überlesen: Für manche Rassen wie etwa Deutsch Drahthaar ist das Kupieren weiterhin faktisch verbindlich, selbst wenn es nicht im Rassestandard festgeschrieben ist (was übrigens die FCI-Richtlinien schon seit 2010 generell verbieten), bei anderen nur mehr optional. Kupiert werden unter anderem Deutsch Drahthaar, Deutsch Kurzhaar, Deutsch Stichelhaar, Weimaraner (Kurzhaar), Pudelpointer, Griffon, Magyar Viszla, Deutscher Jagdterrier, Glatthaar-Foxterrier, Drahthaar-Foxterrier, Parson Russell Terrier, Deutscher Wachtelhund, Bretonischer Vorstehhund und Spaniel.

Aber warum wird überhaupt kupiert? In anderen Ländern wird es kaum noch praktiziert und ist teilweise auch ohne Hintertüren verboten (zum Beispiel in Österreich, Frankreich, Schweiz, den Niederlanden und Belgien). Der JGHV schreibt noch 2021 in einer »Resolution« zum Rutenkupieren, das Kürzen der Rute von Hunden bestimmter Rassen zur jagdlichen Verwendung sei unerlässlich, denn es diene dem Tierschutz, »um zu erwartende schwer behandelbare Verletzungen zu vermeiden«. Welcher Art diese Verletzungen sein sollen, bleibt allerdings offen. Fragt man Verfechter des Kupierens, werden üblicherweise zwei Gefahren genannt: An ihrer langen Rute, heißt es dann, würden die Hunde vom Schwarzwild leicht geschlagen, und im scharfkantigen Mais, Schilf oder Unterholz könnten sie sich selbst ihre Rute blutig schlagen.

Demnach wird die Rute gewissermaßen prophylaktisch abgeschnitten, um Verletzungen daran unmöglich zu machen. Das ist eine mindestens zweifelhafte Logik. Aber selbst wenn man dieser Logik folgen wollte, blieben viele Fragen offen: Warum werden eigentlich nur Hunde einzelner Rassen kupiert? Warum beispielsweise Deutsch Drahthaar, Kurzhaar und Stichelhaar, aber nicht Deutsch Langhaar? Warum soll der Griffon kupiert werden, muss aber nicht? Warum werden Pudelpointer immer kupiert, kurzhaarige Viszla und Weimaraner manchmal, langhaarige selten, Kleine und Große Münsterländer nie? Man liest gelegentlich, es würden in erster Linie Hunde kurzhaariger Rassen kupiert, weil deren Haar die Rute schlechter schütze. Aber warum werden dann bei vielen kurzhaarigen Rassen grundsätzlich die Ruten nicht kupiert? Und wieso wurden schon vor Jahrzehnten Hunde kupiert, die ausschließlich im Niederwildrevier jagen sollten, lange bevor es dort Sauen und Mais gab? Stammt das Kupieren möglicherweise aus einer Zeit, in der Jagdhunde unter unsäglichen Bedingungen in Zwingern gehalten wurden und hochgradig neurotische und aggressive Wesen waren, die sich untereinander oder auch selbst Verletzungen an der Rute zufügten?

Wie die Antworten im Einzelfall auch lauten mögen: Wirklich überzeugende Rechtfertigungen für das Kupieren von Jagdhunden im 21. Jahrhundert gibt es nicht. Viel wahrscheinlicher dürfte sein, dass die Ruten bei manchen Rassen einfach deswegen kupiert werden, weil das »immer schon so« gemacht und einfach nicht hinterfragt wird. Das ist ja oft im Leben der Grund, warum an überkommenen Praktiken festgehalten wird, obwohl man es eigentlich besser wüsste.

Selbst wenn natürlich im jagdlichen Einsatz immer Verletzungsgefahren bestehen, wägen Sie bitte unvoreingenommen ab, ob diese Gefahren das Kupieren wirklich rechtfertigen können. Eine verletzte Rute wird in aller Regel nicht tödlich sein und sich behandeln lassen. Der Inhalt der anderen Waagschale ist dagegen schwer: Zum einen nimmt das Kupieren einem Hund mit der unversehrten Rute ein zentrales Ausdrucks- und Kommunikationsmittel. Für Artgenossen signalisieren Haltung und Bewegung der Rute schon aus der Entfernung Stimmungen (ist das Gegenüber ängstlich, unterwürfig, aggressiv und so weiter), und auch Sie als Hundeführerin oder Hundeführer können daran vieles ablesen, etwa auf der Nachsuche (ist der Hund auf der Krankfährte oder folgt er einer Verleitung?). Darüber hinaus hat die Rute vielfältige Funktionen, unter anderem hat sie eine Bedeutung für die regelmäßige Entleerung der Analdrüsen, den Schutz der Geschlechtsorgane und das Verwedeln von Geruchsmarkierungen. Nicht zuletzt hat die Rute auch eine Steuerungs- und Balancefunktion, besonders wenn es um schnelle Sprünge und Wendungen geht, wie sie beim Stellen von wehrhaftem Wild überlebenswichtig sein können. Das Kupieren der Rute erhöht also sogar das Risiko für Ihren Vierläufer, geschlagen zu werden! Und nicht zuletzt gibt es auch Hinweise darauf, dass Hunde an amputierten Ruten lebenslänglich Phantomschmerzen spüren.

Aber bis heute werden all diese Argumente von vielen Entscheidungsträgern auf allen Ebenen nicht gehört, und es finden sich immer noch genügend Tierärztinnen und -ärzte, die ohne medizinische Indikation und Einzelfallprüfung die Würfe der Jagdhunde kupieren. Wahrscheinlich könnte nur ein hartes gesetzliches Verbot diesen Knoten durchschlagen.

Kupierter Deutsch Drahthaar

Wenn Sie einen Welpen der betroffenen Rassen haben möchten, der nicht kupiert ist, müssen Sie also rechtzeitig die Züchterin beziehungsweise den Züchter überzeugen, den Eingriff wenigstens an »Ihrem« Welpen nicht vornehmen zu lassen. Aber das dürfte schwierig sein, denn seriöse Züchter entscheiden erst im Laufe der ersten Wochen, wenn sich die Wesensmerkmale der Welpen abzeichnen, wer welchen bekommt, und womöglich möchten alle anderen Interessierten einen kupierten Hund haben. Also wird der gesamte Wurf kupiert. Vielleicht gelingt es Ihnen ja, die anderen Welpeninteressenten zu überzeugen: Bitte geben Sie sich alle Mühe! Aber wahrscheinlicher ist wohl, dass Sie bei einigen Jagdhunderassen einfach nicht fündig werden, wenn Sie einen unkupierten Welpen suchen.

Und wenn Sie bereits einen kupierten Hund übernommen haben und erst jetzt auf dieses Problem aufmerksam gemacht worden sind, seien Sie beruhigt: Selbstverständlich kann der zu einem prima Jagdgefährten werden! Achten Sie aber besonders auf Verhaltensmerkmale, die möglicherweise auf die kupierte Rute zurückzuführen sind, etwa in der Interaktion mit anderen Hunden, und reagieren Sie entsprechend.

DIE PRÜFUNGEN

Form, Wesen und Leistungsfähigkeit Ihres Jagdhundes sowie Ihr Zusammenspiel als Gespann können Sie in Prüfungen feststellen lassen. Wenn Sie den Hund jagdlich einsetzen wollen, müssen Sie das auch: Ein Hund ohne geprüfte Brauchbarkeit darf außerhalb seiner Ausbildung nicht jagdlich eingesetzt werden, auch nicht zum kleinen privaten Drückerchen oder zur schnellen Totsuche im eigenen Revier. Sie hätten nicht nur keinen Versicherungsschutz, etwa wenn der Hund den doch nicht verendeten Bock aus der Dickung über die nächste Bundesstraße hetzt, sondern Sie würden auch Ihre Zuverlässigkeit in Frage stellen und damit Jagdschein und Waffenbesitzkarte. Mit Vollendung des dritten Lebensjahres des Hundes gilt auch die Ausrede nicht mehr, das sei im Rahmen der Ausbildung passiert. Ohne Wenn und Aber gilt: Wenn Sie Ihren Hund jagdlich führen wollen, müssen Sie seine Brauchbarkeit prüfen und nachweisen lassen. So schreiben es alle Landesjagdgesetze vor.

Neulinge auf diesem Gebiet sehen sich in Deutschland zunächst mit einer verwirrenden Vielzahl unterschiedlicher Prüfungen und Leistungszeichen konfrontiert. Das liegt daran, dass es nicht nur rasse-, alters- und einsatzspezifische Prüfungen gibt, sondern auch unterschiedliche Vereine und Verbände, die solche Prüfungen ausrichten. Manche dieser Prüfungen müssen erfolgreich absolviert worden sein, damit der Hund jagdlich eingesetzt werden darf, andere sind Grundlage der Zuchtzulassung, wieder andere dokumentieren besondere Leistungsmerkmale. Manche sind zwingend erforderlich, manche fakultativ, manche alternativ zu vergleichbaren Prüfungen, manche kombinierbar. An dieser Stelle kann keine vollständige Übersicht der Prüfungen und ihrer Inhalte gegeben werden. Es lassen sich aber zuerst zwei Grundformen unterscheiden: Verbandsprüfungen und Brauchbarkeitsprüfungen.

Verbandsprüfungen

Der JGHV und die angehörenden Zuchtvereine führen Anlage- und Leistungsprüfungen durch. Die werden meist kurz als »Verbandsprüfungen« bezeichnet. Das sind erstens allgemeine, das heißt rasseunabhängige Prüfungen, beispielsweise die Verbandsschweißprüfung (VSwP) oder die Verbandsprüfung nach dem Schuss (VPS). Zweitens sind das die gemeinsamen Zucht- und Gebrauchsprüfungen der Vorstehhunde, nämlich Verbandsjugendprüfung (VJP), Verbandsherbstzuchtprüfung (HZP) und die Verbandsgebrauchsprüfung (VGP). Und drittens sind das spezifische Prüfungen der Zuchtvereine, also Prüfungen, die auf die Anlagen und Leistungen der jeweiligen Rassen zugeschnitten sind. Denn ein Teckel beispielsweise muss naturgemäß andere Anlagen aufweisen und Leistungen erbringen als eine Brandlbracke oder ein Gordon Setter. Außerdem gibt es vielfältige besondere Leistungszeichen für die verschiedenen Rassen sowie Prüfungsleistungen, die im laufenden Jagdbetrieb erbracht werden.

Allen Verbandsprüfungen gemeinsam ist, dass nur Jagdhunde mit Papieren daran teilnehmen dürfen. Das sind Hunde, die im Zuchtbuch eines dem JGHV und/oder dem VDH angehörenden Vereins eingetragen sind und eine entsprechende Ahnentafel aufweisen, außerdem im Ausland unter vergleichbaren Regularien gezüchtete Hunde. Entscheidend ist hier die FCI-Anerkennung. Weitere Details und Ausnahmen können Sie in den Satzungen beider Verbände nachlesen.

Wenn Sie sich für eine Rasse entschieden haben, informieren Sie sich am besten beim entsprechenden Zuchtverein über die Prüfungsmodalitäten. Vielfach ist die Übernahme eines Welpen mit Papieren ohnehin an den Eintritt in den entsprechenden Zuchtverein verbunden, sodass fortan

Ein stolzer Bodo vom Schuftsberg nach bestandener Brauchbarkeitsprüfung

der Kontakt besteht. Die jeweilige Prüfungsordnung finden Sie aber in aller Regel schon auf den Internetseiten und seriöse Züchter werden Ihnen diese Arbeit gerne ersparen und die nötigen Informationen geben.

In vielen dieser Prüfungsordnungen werden Sie auf manchen alten Zopf stoßen. Schon die sprachliche Zeitreise in die Frühzeit des Hundezuchtwesens lässt einen oft schmunzeln. Und manches Festhalten an überkommenen Regularien ist auch ärgerlich. Auf der anderen Seite stellen die Verbandsprüfungen mit ihrem hohen Standard und ihrer Vergleichbarkeit der Ergebnisse nicht nur für Sie als Führerinnen und Führer gute Bewertungsgrundlagen der tatsächlichen Anlagen und Leistungen Ihres Hundes dar, sondern sie bieten auch eine gute Grundlage für die kontrollierte und zielorientierte Zucht der jeweiligen Rasse. Die Zuchtwarte der Vereine können auf der Grundlage umfassend dokumentierter Prüfungsergebnisse geeignete Verpaarungen anregen und somit insgesamt die Einhaltung der Rassestandards und die permanente Verbesserung der Anlagen und Leistungen unterstützen. Ein ganz praktischer Vorteil der Verbandsprüfungen ist außerdem, dass sie in allen Ländern der Bundesrepublik und mindestens europaweit anerkannt werden.

Brauchbarkeitsprüfungen

Der JGHV hat nicht die alleinige Hoheit über das Hunde- und Prüfungswesen: In vielen Ländern werden heute auch andere Prüfungen anerkannt, teilweise auch von Hunden ohne Papiere.

Eine erste Alternative zu den Verbandsprüfungen stellen die staatlichen Brauchbarkeitsprüfungen dar. Es geht darin nicht um züchterische Wunschvorstellungen, sondern um den gesetzlichen Nachweis der jagdlichen Brauchbarkeit. In allen deutschen Bundesländern besteht die Möglichkeit, diese Brauchbarkeit in Prüfungen nachzuweisen. In aller Regel werden diese von den Landesjägerschaften durchgeführt.

Üblicherweise sind die Prüfungen in Module oder Fachgruppen aufgeteilt. Meist sind die Gehorsamsfächer (Schussfestigkeit, Leinenführigkeit, Verhalten auf dem Stand) Pflichtgrundlage für weitere Fächer, die je nach beabsichtigtem jagdlichen Einsatz gewählt werden können (Bringen/Apportieren, Wasserarbeit, Nachsuche auf Niederwild/auf Niederwild außer Rehwild/auf Schalenwild, Stöberarbeit, Bauarbeit). Geregelt ist das in entsprechenden Landesverordnungen, die sich zwar in den Grundzügen bundesweit gleichen, nicht aber in den Details. Das führt leider dazu, dass die Prüfungen des einen Bundeslandes mitunter schon im Nachbarland nicht mehr anerkannt werden.

Beispielsweise unterscheiden sich die Prüfungsordnungen hinsichtlich der Zulassungsvoraussetzungen: In den meisten Ländern gilt noch der gleiche »Papiere-Zwang« wie bei den Verbandsprüfungen, aber der Trend geht deutlich davon weg. So werden in einigen Ländern mittlerweile auch solche Hunde ohne Papiere zur Prüfung zugelassen, die dem Phänotyp einer anerkannten Jagdhunderasse entsprechen. Sieht Ihr Hund also aus wie ein Drahthaar oder Wachtel und können Sie seine Identität durch Chipnummer und EU-Heimtierpass nachweisen, kann er zur Prüfung zugelassen werden, auch wenn Sie keine offizielle Ahnentafel für ihn haben.

Noch weiter geht der Ökologische Jagdverband (ÖJV), der in manchen Bundesländern ebenfalls Brauchbarkeitsprüfungen durchführt: Hier sind alle Hunde zugelassen, die zur jagdlichen Verwendung geführt werden sollen, auch wenn sie weder eine Ahnentafel haben noch das Aussehen einer der JGHV-anerkannten Jagdhunderassen. Theoretisch können Sie hier mit einem Mischling aus dem Tierschutz antreten, auch wenn dessen Herkunft und Alter unbekannt sind. Geimpft und gechippt oder tätowiert muss er sein – aber das war es schon an Voraussetzungen. Erwähnt sei auch der Verein Brauchbarer Jagdhund e. V. (VBJ), der ebenfalls rasseunabhängige Brauchbarkeitsprüfungen für Hunde durchführt, allerdings bislang nur im süddeutschen Raum.

Die Idee hinter diesen neuen Prüfungsangeboten ist ganz simpel: Nur das Können zählt, nicht die Herkunft. So weit, so sozialdemokratisch. Solche Brauchbarkeitsprüfungen sind ein pragmatischer und praxisorientierter Weg zum gesetzlich geforderten Nachweis der jagdlichen Brauchbarkeit Ihres Hundes. Und dieser Weg entbindet Sie auch von jeglicher Vereinsmeierei.

Aber wenn Sie sich – aus welchen Gründen auch immer – dafür entscheiden, hat das auch konkrete Nachteile, die Ihnen bewusst sein sollten: Aus der Perspektive der Rassezucht bieten die Brauchbarkeitsprüfungen keine geeignete Basis für eine weitere Zuchtauswahl. Denn dafür reicht es nicht, die Leistung eines einzelnen Tieres zu sehen, sondern man muss Gesundheit, Anlagen und Leistungen möglichst viele seiner Verwandten betrachten. Dafür sind die Zuchtvereine einfach besser geeignet als Sie und Ihr hundeinteressierter

Freundeskreis. Ohne die gezielte Selektion bleibt es dem Zufall überlassen, ob ein Hund gesund und jagdlich brauchbar ist. Deswegen zieht Ihr Verzicht auf die Verbandsprüfungen in der Regel auch zu Recht den Zuchtausschluss für Ihren Vierläufer nach sich. Ganz gleich aus welch gutem Hause der Hund stammt, seine Nachkommen werden Hunde ohne Papiere sein.

Aus Ihrer Sicht als Hundeführerin oder -führer liegt ein Nachteil in der eingeschränkten Vergleichbarkeit der Anlagen und Leistungen Ihres Hundes. Wo Hunde gleicher Rasse nach gleichen Standards ausgebildet und nach gleichen Ordnungen geprüft werden, fällt die Einschätzung ihrer tatsächlichen Brauchbarkeit leichter. Ob, um ein Beispiel zu nennen, Ihre Brandlbracke eine hohe Wildschärfe zeigt, erkennen erfahrene Ausbilderinnen und Ausbilder dieser Rasse schon im Welpenalter und können die weitere Ausbildung entsprechend ausrichten. Und solcherart Expertise findet sich eben oft (aber nicht nur) im Umfeld der Zuchtvereine.

Ein weiterer Nachteil ist, dass die Brauchbarkeitsprüfungen nicht ohne Weiteres in allen Bundesländern oder auch außerhalb der BRD anerkannt werden. Sie sollten die Prüfung daher in dem Bundesland ablegen, in dem Sie den Hund auch jagdlich einsetzen wollen beziehungsweise sich im Vorfeld genau nach der Gültigkeit und Anerkennung von Prüfungen erkundigen. Im Zweifel müssen Sie Ihren Hund sonst an der kurzen Leine führen.

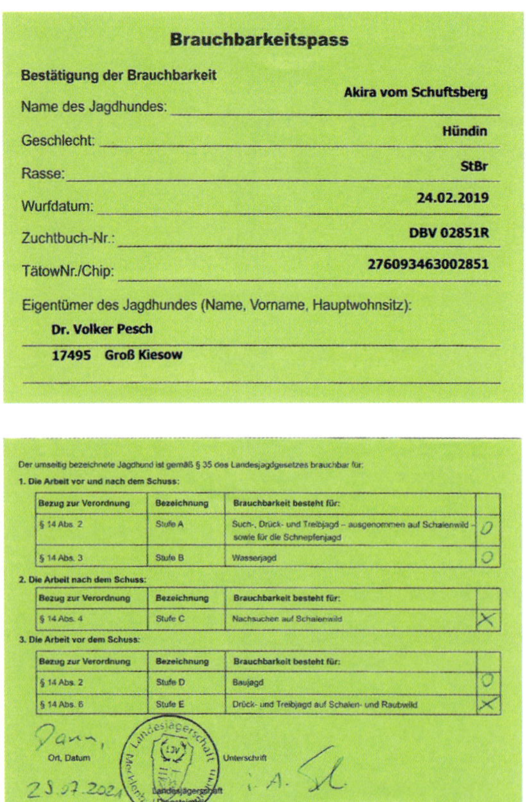

Brauchbarkeitspass

Bestätigung der Brauchbarkeit

Name des Jagdhundes: **Akira vom Schuftsberg**

Geschlecht: **Hündin**

Rasse: **StBr**

Wurfdatum: **24.02.2019**

Zuchtbuch-Nr.: **DBV 02851R**

TätowNr./Chip: **276093463002851**

Eigentümer des Jagdhundes (Name, Vorname, Hauptwohnsitz):

Dr. Volker Pesch

17495 Groß Kiesow

Der umseitig bezeichnete Jagdhund ist gemäß § 35 des Landesjagdgesetzes brauchbar für:

1. Die Arbeit vor und nach dem Schuss:

Bezug zur Verordnung	Bezeichnung	Brauchbarkeit besteht für:	
§ 14 Abs. 2	Stufe A	Such-, Drück- und Treibjagd – ausgenommen auf Schalenwild – sowie für die Schnepfenjagd	0
§ 14 Abs. 3	Stufe B	Wasserjagd	0

2. Die Arbeit nach dem Schuss:

Bezug zur Verordnung	Bezeichnung	Brauchbarkeit besteht für:	
§ 14 Abs. 4	Stufe C	Nachsuchen auf Schalenwild	X

3. Die Arbeit vor dem Schuss:

Bezug zur Verordnung	Bezeichnung	Brauchbarkeit besteht für:	
§ 14 Abs. 2	Stufe D	Baujagd	0
§ 14 Abs. 6	Stufe E	Drück- und Treibjagd auf Schalen- und Raubwild	X

Dann, 25.07.2021
Ort, Datum

Landesjägerschaft Mecklenburg-Vorpommern – Landesjägerschaft Dienstsiegel

Unterschrift i. A.

Brauchbarkeitspass aus Mecklenburg-Vorpommern

DIE FREUDE DER WAHL

Seriöse Züchter finden

Wenn Sie sich für eine Rasse entschieden haben, suchen Sie nach geeigneten Züchterinnen und Züchtern beziehungsweise Zwingern mit Wurferwartung. Im Internet oder im Kleinanzeigenteil der Jagdzeitschriften werden Sie fündig. Nutzen Sie dabei die Angebote der Clubs, Vereine und Dachverbände JGHV und VDH.

> **Link-Tipp:**
> **https://www.vdh.de/welpen/zuechter-suche**

Hier finden Sie Adressen von Züchtern, gefiltert nach Rassen und Entfernung von Ihrem Standort. Sobald Sie sich für einen konkreten Wurf interessieren, vereinbaren Sie einen Besuchstermin, idealerweise schon vor dem Wurftag. Schauen Sie sich den Zwinger und die Elterntiere an – und zwar ausgiebig und sehr genau. Lassen Sie sich die Wurfbox zeigen, auch wenn die angeblich im Schlafzimmer steht, und den Auslauf, falls es so etwas gibt. Die bloße Mitgliedschaft im jeweiligen Rassezuchtverein, mit der vielfach die Seriosität einer Zuchtstätte belegt werden soll, ist allein für sich genommen kein hinreichender Beleg für eine artgerechte und leistungsorientierte Zucht. Fahren Sie in den ersten Lebenswochen des Welpens so oft es geht hin. Ein seriöser Züchter wird Ihnen das nicht verwehren, sondern es im Interesse seiner Welpen sogar einfordern. Vielleicht können Sie auch schon an ersten Reviergängen teilnehmen. Dass dies auch die Bindung zu Ihrem späteren Jagdgefährten erhöht, versteht sich wohl von selbst.

Der Trend zeichnete sich schon vorher ab, aber während der Corona-Pandemie kletterten die Preise für Welpen der beliebten Rassen in ungeahnte Höhen. 3.000 Euro und mehr für einen Labrador oder Golden Retriever haben manche Züchter animiert, auch dann noch Würfe zu erzwingen, wenn die Umstände oder die Gesundheit der Hündin eigentlich dagegen gesprochen haben. Aber das sind vereinzelte »schwarze Schafe«, von denen man nicht auf die Gesamtheit schließen darf.

Die irrsinnigen Welpenpreise haben allerdings auch den illegalen Handel beflügelt. Das ausführlich zu beschreiben wäre ein anderes Thema, aber an dieser Stelle sei eine Warnung ausgesprochen: Kaufen Sie keinen Welpen im Internet, in irgendwelchen »Welpenstuben« oder bei Händlern, die viele Welpen mehrerer Rassen anbieten. Und kaufen Sie niemals auf der Straße oder gar im Versand! Niemals und unter keinen Umständen, egal wie süß der Welpe in der Annonce aussieht oder wie hilfsbedürftig er aus dem Tragekorb schaut! Hinter dem technischen Begriff »illegaler Welpenhandel« verbergen sich unbeschreibliche Tierquälerei und andere kriminelle Machenschaften. Vielleicht retten Sie einen einzelnen Welpen, wenn Sie ihn aus den Händen dieser Verbrecher befreien, vorausgesetzt er ist nicht mit unheilbaren Krankheiten infiziert oder stark traumatisiert – aber mit Ihrer vermeintlich guten Tat halten Sie dieses System am Laufen und machen sich mitschuldig.

Link-Tipp:
https://www.bmel.de/DE/themen/tiere/haus-und-zootiere/illegaler-welpenhandel.html
Informative Seiten des Bundesministeriums für Ernährung und Landwirtschaft mit zahlreichen Hinweisen und Handreichungen sowie weiterführenden Links zum Thema.

Das gilt grundsätzlich für Hunde aller Rassen. Bei Hunden aus jagdlicher Leistungszucht ist die Gefahr, einen Welpen aus illegalem Handel zu erwerben, aber glücklicherweise geringer. Denn erstens sucht die weit überwiegende Mehrheit der jagdlich orientierten Käuferinnen und Käufer Hunde mit Papieren, was die illegale Zucht schwierig und weniger lukrativ macht. Zweitens gelten für viele Rassen Richtpreise, die von den Zuchtvereinen vorgegeben werden und vergleichsweise moderat sind. Bei den Jagdhunderassen, die auch vermehrt als Familienhunde gesucht und gehalten werden, also etwa bei Teckeln oder Retrievern, sollten Sie allerdings besonders genau hinschauen, zumal sich auch Abstammungspapiere fälschen lassen.

Hunde ohne Papiere

Wenn Sie – aus welchen Gründen und Motivationen auch immer – einen Hund ohne Papiere führen möchten, ist dem heute nicht mehr grundsätzlich der Zugang zur Jagd verwehrt. Wie bereits beschrieben gilt die Voraussetzung, dass nur Hunde mit VDH-Ahnentafel Brauchbarkeitsprüfungen absolvieren und jagdlich eingesetzt werden dürfen, in vielen Bundesländern nicht mehr. Das bedeutet, dass Sie einen Welpen aus einem nicht verbandskontrollierten Wurf übernehmen können. Auch der kann ein brauchbarer Jagdhund und enger Jagdgefährte werden.

Das gilt natürlich auch für Hunde mit »Papieren« eines Zuchtvereins, der sich nicht den VDH-Regularien unterworfen hat: Die stellen zwar die Abstammung des Hundes dar, haben aber keinen Nutzen für JGHV-Prüfungen, da der Verband sie nicht anerkennt. Sie werden wie Hunde ohne Papiere behandelt, sind also »wertlos«, wenn Sie Ihren Hund auf Verbandsprüfungen führen wollen.
Man sollte das – wie gesagt – nicht pauschal gutheißen oder verdammen, sondern im konkreten Fall beurteilen. Es gibt für Züchterinnen und Züchter wie für Sie als Halterin oder Halter sicher Gründe, sich nicht den Regularien von VDH und JGHV zu unterwerfen. Mitunter ist so ein Welpe auch einfach das Ergebnis einer ungeplanten Verpaarung oder er fällt in einem Einzelwurf, den eine Familie ihrer Familienhündin gönnen wollte. Aber was oben über Ihren Besuch im Zwinger gesagt wurde, gilt bei Hunden ohne Papiere natürlich ganz besonders: Schauen Sie sehr genau und so oft es geht hin!

Vielleicht ist die Herkunft auch gar nicht bekannt, denn es ist ja heute grundsätzlich auch möglich, einen Hund aus dem Tierschutz jagdlich auszubilden und zu führen. Angesichts voller Tierheime kann das durchaus sinnvoll sein. Sie tun ein gutes Werk und sparen wahrscheinlich auch noch viel Geld, das Sie in Ausbildungsmittel und gutes Futter investieren können (oder dem Tierheim spenden, für all die anderen Geschöpfe hinter deren Gittern). Aber prüfen Sie so weit wie möglich die Geschichte, die Ihnen erzählt wird. Wenn schon zwei Vorbesitzer an dem Hund verzweifelt sind, werden Sie besser nicht der dritte.

Im Tierheim oder auf entsprechenden Vermittlungsseiten im Internet und in den sozialen Netzwerken werden oft auch Jagdhunde angeboten, die ein neues Zuhause suchen. Ob mit oder ohne Ahnentafel, so ein Hund »aus zweiter Hand« kann nach allen Regeln der Kunst jagdlich geführt werden. Denn Hunde sind Opportunisten, die sich durchaus einem neuen Führer anschließen, wenn es dort Schutz, Beschäftigung und Futter gibt.

Die Freude der Wahl

Aber gutes Werk hin oder her: Ein Hund unklarer Abstammung ist immer ein wenig wie die sprichwörtliche Katze im Sack. Es spricht schon vieles dafür, sich erstens einen Welpen, zweitens einer vom JGHV anerkannten Jagdhunderasse und drittens aus einer guten, durch den jeweiligen Zuchtverein kontrollierten jagdlichen Leistungszucht anzuschaffen. Das alles bietet zwar keine Garantie für die Wesensfestigkeit und spätere Leistungsfähigkeit Ihres Hundes, aber meist doch eine solide Ausbildungsgrundlage. Außerdem verringert es die Gefahr, einen Hund mit Erbkrankheit zu bekommen. Aber wie auch immer Sie sich entscheiden: Es liegt zu mindestens 50 Prozent an Ihnen selbst, ob Ihr Hund ein guter Jagdgefährte wird oder nicht.

Manche Entscheidungen können Sie allerdings gar nicht selbst treffen – allen voran die, ob Sie überhaupt einen Welpen Ihrer Wunschrasse bekommen. Bei den häufigen Rassen, wie etwa Deutsch Drahthaar, Teckel oder Kleinem Münsterländer, dürfte es nicht schwierig sein, irgendwo in Ihrer Nähe einen guten Zwinger mit Wurferwartung zu finden. Bei den Rassen im Mittelfeld der Häufigkeit, wie etwa Magyar Viszla, Weimaraner oder Gordon Setter müssen Sie manchmal länger warten oder weiter fahren. Bei den seltenen Rassen, von denen unter 100 Welpen im Jahr geboren werden, müssen Sie mitunter große Überzeugungskraft haben,

© Jörg Marr

Ein Wurf Steirische Rauhhaarbracken liegt (Zwinger vom Schuftsberg).

damit Sie überhaupt den begehrten Zuschlag der Züchterin oder des Züchters erhalten. Das betrifft Rassen wie Steirische Rauhhaarbracke (um die 60 Welpen im Jahr) oder den Slowakischen Rauhbart (30). Ob Sie überhaupt jemals einen Gammel Dansk Hønsehund bekommen, der mit nur sieben Welpen zu den Schlusslichtern der VDH-Statistik zählt, sei dahingestellt. Einen Hannoverschen Schweißhund werden Sie als Freizeitjägerin oder Erstlingsführer aber ganz sicher nicht bekommen, jedenfalls keinen mit Papieren. Das liegt einerseits an der niedrigen Welpenzahl (um die 50), andererseits an der restriktiven Vergabepolitik des Zuchtvereins, der über die Vergabe der Welpen wacht wie Argus über Io.

Aber wenn Sie dann endlich alle Vorbereitungen getroffen, alle Entscheidungen gefällt und alle Hürden genommen haben und vor den frisch gewölften Welpen eines Wurfs stehen, von denen einer Ihr künftiger Jagdgefährte werden soll, dann haben Sie noch ein letztes Mal die Freude der Wahl.

Welchen Welpen sollen Sie nehmen? Verantwortungsbewusste Züchterinnen und Züchter werden nach den ersten Wochen die Wesen ihrer Welpen gut kennen und sich bemühen, sie »passend« zu vergeben. Vertrauen Sie deren Expertise! Und wenn Sie dann noch wählen können, nehmen Sie als Ihren ersten Hund weder den ruhigsten noch den temperamentvollsten aus dem Wurf.

Teil 2
Der Hund im Haus

Im zweiten Teil dieses Buches geht es um die Haltung und Erziehung, angefangen bei der Eingewöhnung ins neue Zuhause und dem Grundgehorsam. Manches darin betrifft nur Welpen und Junghunde; Sie können das getrost überspringen, falls Sie einen bereits ausgewachsenen und erzogenen Hund übernehmen. Es schadet aber sicher auch nicht, sich diese Teile dennoch durchzulesen, denn an den Grundkommandos beispielsweise können Sie bestimmt immer noch etwas verbessern. Andere Teile des Kapitels sind auch über die Welpenzeit hinaus relevant, etwa die Frage der Ernährung oder grundlegende Maßnahmen der Ersten Hilfe im Krankheits- oder Notfall.

Erster Tag im neuen Zuhause

© Volker Pesch

Manchmal zeigt sich tiefe Verbundenheit schon bei der ersten Begegnung.

Falls es Ihr erster Hund ist, Sie also noch keine Erfahrung damit haben, wie es ist, einen Vierläufer zu halten, lassen Sie sich zunächst eines gesagt sein: Mit einem Hund im Haus ändert sich Ihr Leben, ganz gleich, ob es ein Welpe ist, den Sie im Alter von acht oder zehn Wochen (früher galten acht Wochen als optimales Alter für den Wechsel, heute empfehlen viele eher zehn Wochen) übernehmen, ein Jagdhund »aus »zweiter Hand« oder auch ein Mischling mit unbekannter Lebensgeschichte aus dem Tierschutz. Unabhängig davon, ob Sie einen teuren Rassehund mit Papieren erworben haben oder einen Artgenossen unbestimmter Provenienz, egal ob Rüde oder Hündin: Wenn Sie Ihren Hund als Lebewesen, Mitbewohner und Jagdgefährten verstehen und dementsprechend behandeln möchten, bleibt wenig wie es war.

Denn alle Hunde, das ist ja schon deutlich betont worden, brauchen viel Zeit, Beschäftigung, Bewegung und Zuwendung. Die Basis einer guten Mensch-Hund-Beziehung bilden Vertrauen und eine einfühlsame Führungsautorität des Menschen – nicht Härte, Bestrafung oder Angst vor Züchtigung und Schmerz. Es geht um Bindung zwischen Ihnen und Ihrem Hund und um dessen Motivation, nicht darum, den Willen des Tieres zu brechen. Bindung und Motivation entwickeln sich aber nicht nebenbei oder von allein, sondern nur in zielgerichtetem gemeinsamem Tun.

Kontaktliegen von Anfang an

Ganz sicher wünschen Sie sich einen führigen, ausgeglichenen und wesensfesten Hund. Das gilt zwar grundsätzlich für alle Hunde, aber bei Hunden mit schwierigen und gefährlichen Einsatzgebieten wie den jagdlichen sind diese Eigenschaften natürlich in besonderem Maße gefordert. Grundlegend sind hier die genetischen Anlagen der jeweiligen Rasse sowie des individuellen Tieres und alles, was ihm in seinem bisherigen Leben widerfahren ist. Aber mindestens genauso wichtig für Ihren neuen Mitbewohner ist, dass er Ihre volle Aufmerksamkeit bekommt und seinen Anlagen gemäß gefordert, gefördert und geführt wird.

Viele Probleme wie etwa Aggressionen oder Verhaltensstörungen lassen sich darauf zurückführen, dass der Mensch die Führung nicht so

Ihr Welpe braucht Schutz und souveräne Führung.

ausübt, wie es seinem Hund gerecht wäre. Nicht selten ist es sogar so, dass der Hund instinktiv die Führung übernehmen und »seinen« Menschen beschützen will – weil er ihn nicht als kompetenten Führer erlebt. Dann verbellt er den Besuch, beißt Briefträger, hält Trennung nicht aus, reagiert an der Leine aggressiv auf Artgenossen. Mit so einem Hund können Sie später auch nicht am Streckenplatz oder beim Sommerfest Ihres Hegerings erscheinen.

Damit es erst gar nicht so weit kommt, sollten Sie von Anfang an souverän als Führerin oder Führer sein. Das ist eine Verpflichtung gegenüber Ihrem Jagdgefährten. Sei es im Haus, beim Spazierengehen, auf der Jagd oder beim Hundetraining: Sie gewährleisten in jeder Situation den Schutz und üben volle Kontrolle über Verhalten und Tagesablauf aus. Aber Sie sorgen auch für Nahrung und stehen Ihrem Hund jederzeit zur Seite. Mit allem, was Sie tun, zeigen Sie ihm, dass Sie jede Situation fest im Griff haben – souverän, ruhig, planvoll, vorausschauend. Diese Führerschaft dürfen Sie also keineswegs als Freibrief missverstehen, mit dem Hund umzuspringen, wie es Ihnen gerade nach Tagesform passt. Es geht um Souveränität und Verlässlichkeit, also um Autorität in einem sehr positiven, empathischen Sinne.

Tipp:
Der alte Spruch »Das müssen die unter sich ausmachen« gilt nicht in jedem Fall und ganz sicher nicht für Welpen und alte Hunde!
Zum Beispiel dürfen Sie zudringliche andere Hunde durchaus abwehren, also Schutz anbieten.

Sämtliche guten und schlechten Erfahrungen Ihres Hundes schaffen und beeinflussen sein Weltbild und damit auch sein Verhalten. Deswegen sollten Sie versuchen, diese Erfahrungen zu

© pappaga1/stock.adobe.com

gestalten und das rund um die Uhr. Wenn Sie stattdessen Ihren Welpen lange allein lassen, beispielsweise im Garten, wird er das Haus bewachen, Katzen und Vögel jagen, die Rosen ausbuddeln, am Zaun Passanten verbellen oder andere selbstbelohnende Dinge tun. So entstehen unerwünschte Verhaltensweisen, und es wird Sie große Mühe kosten, ihm die wieder abzugewöhnen. Wenn es denn überhaupt noch gelingt.

Umgekehrt ist jede Aktion und Interaktion vom ersten Tag an auch Erziehung, Training und Konditionierung. Auch unbedachte Handlungen und Reaktionen Ihrerseits und aller Menschen, die mit dem neuen Mitbewohner zu tun haben, gehen in den Erfahrungsschatz Ihres Hundes ein. Deswegen sollten Sie selbst immer bedacht, konsequent und berechenbar handeln und auch Ihre Familie darauf einschwören. Und beginnen Sie mit der Grunderziehung so früh wie möglich – sie bildet das Fundament der jagdlichen Ausbildung.

WENN'S MAL DANEBEN GEHT – DIE STUBENREINHEIT

Hunde halten von Natur aus ihren Schlafplatz sauber. Aber auch das will gelernt sein. In den ersten Lebenswochen eines Welpen sorgt seine Mutter noch für Ordnung, aber mit dem Umzug in sein künftiges Zuhause müssen Sie dem Welpen sofort zeigen, wo er sich künftig lösen soll, etwa an einer besonderen Stelle im Garten. Idealerweise sollten Sie das tun, noch bevor er die Wohnung erkunden darf und das erste Malheur passiert. Fortan tragen oder führen Sie ihn immer schnell zum »Hundeklo«, sobald er muss: nach dem Aufwachen, Fressen, Spielen und in jedem Zweifelsfall. Hilfreich ist eine »ausbruchsichere« und gut zu reinigende Box für die unbeaufsichtigten Momente bei Tag und Nacht.

Schlafen Sie in den ersten Nächten in der Nähe Ihres Welpen. Das ist nicht nur wichtig für seine Eingewöhnung und die Bindung, sondern auch zur Beförderung der Stubenreinheit: Sie können ihn vorsorglich zwei- oder dreimal in der Nacht hinausbringen und sich entsprechend den Wecker stellen. Manche raten davon ab, weil die Gefahr besteht, den Hund an diese »falschen« Zeiten zu gewöhnen, und das Ziel ist ja das Durchschlafen. In diesem Fall müssen Sie nicht nur nahe bei Ihrem Hund und nahe der Ausgangstür schlafen, sondern sollten sich auch einigermaßen sicher sein, tatsächlich aufzuwachen, selbst wenn Ihr Welpe sein Bedürfnis vielleicht nur durch leises Winseln oder Unruhe anzeigt. Wenn Sie erst morgens aufwachen und der Hund liegt in seinen Häufchen und Pfützen, wirft Sie das in Sachen Stubenreinheit weit zurück. Egal welche Methode Sie wählen: Wenn Sie dann rechtzeitig mit dem Welpen draußen sind, loben und belohnen Sie ihn, sobald er sich an der richtigen Stelle löst. Lassen

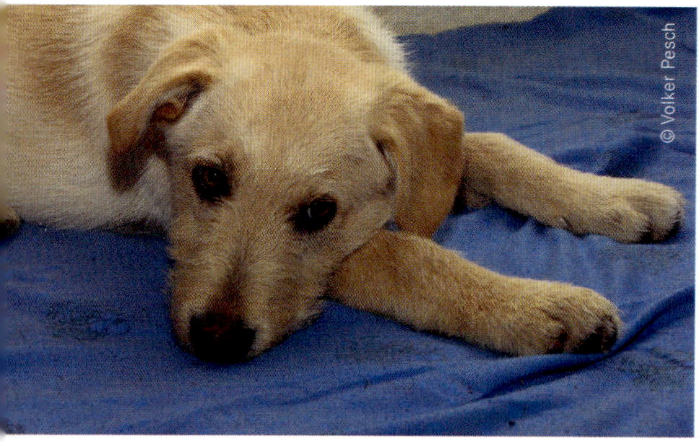

Nach kurzer Zeit sind die meisten Hunde stubenrein.

Sie ihn nicht zu viel herumlaufen, damit er nicht aufdreht, gegebenenfalls sollten Sie ihn an die Leine nehmen. Denn nach dem Lösen geht's sofort wieder ins Körbchen oder in die Box.

Wenn es drinnen passiert (und das wird es bestimmt mal, versprochen!), bestrafen Sie den Welpen nicht. Erwischen Sie ihn in flagranti, rufen Sie streng und laut »Nein!«, greifen sich den Übeltäter ohne ihm Schmerzen zuzufügen und tragen ihn hinaus zum Klo. Entdecken Sie im Nachhinein eine Pfütze, ist das erziehungstechnisch gesehen Pech. Stupsen Sie ihn nicht mit der Nase hinein, wie es Ihnen sicher schon mehrere »Hundekenner« geraten haben! Denn in aller Regel wird ein Welpe auf diese Weise nicht verstehen, was Sie ihm sagen möchten. Machen Sie einfach wortlos sauber und desinfizieren Sie die Stelle, um den Geruch gründlich zu bekämpfen. Und seien Sie künftig aufmerksamer und schneller.

Die allermeisten Hunde werden nach zwei bis drei Wochen weitgehend stubenrein sein und fortan durch nervöses Hin- und Herlaufen oder Kratzen an der Tür anzeigen, wenn sie raus müssen. Und wenn es doch noch mal passiert – siehe oben.

ERZIEHUNG OHNE GEWALT

Vereinfacht gesagt gibt es grundsätzlich zwei Wege der Hundeerziehung (und natürlich viele Zwischenschritte): Der erste führt über Lob, Belohnung und Konsequenz zu Bindung, Vertrauen und Partnerschaft und kann vielleicht als der »sanfte« Weg bezeichnet werden. Der andere führt über Härte, Angst und Strafe dazu, den Willen des Hundes zu brechen.
Das ist »der harte Weg«, die »alte Schule« der Hundeerziehung – und manchmal einfach die letzte Wahl, wenn Herrchen oder Frauchen nicht mehr weiterwissen. Dann wird gebrüllt, geschlagen, Futter oder Kontakt entzogen. Oder es werden verbotene »Hilfsmittel« wie Stachelhalsbänder oder elektrische Teletakt-Geräte eingesetzt. Es mag sein, dass diese Methode zum Ziel führt. Möglicherweise »funktionieren« derart erzogene Hunde perfekt, zumindest was den Gehorsam angeht. Aber wollen Sie das?

Wissenschaft und Erziehungspraxis zeigen, dass es auch anders geht. Die moderne Methode der Wahl heißt im Fachjargon »positive Bestärkung« (oder »Verstärkung«) und ist – in vielen Variationen – mittlerweile Standard der Hundeerziehung und des alltäglichen Umgangs. Ihr künftiger Gefährte entwickelt damit Freude am Lernen und Befolgen Ihrer Kommandos und an der jagdlichen Arbeit statt nur zur Schmerzvermeidung zu gehorchen. Wie gut das funktioniert, kommt natürlich immer auch auf die Rasse und die genetischen Voraussetzungen des jeweiligen Hundes an – und auf die Intensität und Qualität der Ausbildung.

Dabei muss sofort ein Missverständnis ausgeräumt werden: Das Arbeiten nach dieser Methode bedeutet keineswegs, dem Hund Fehlverhalten durchgehen zu lassen oder auf jegliche Form der Bestrafung zu verzichten. Im Gegenteil, wer diesen Weg wählt, muss sehr zielgerichtet und konsequent mit dem Hund arbeiten, und dazu gehören auch Formen der Bestrafung. Unsere Jagdhunde sollen ja nicht nur Prüfungen bestehen, sondern auch im jagdlichen Einsatz hervorragende Leistungen erbringen. Dahin bringen wir sie in aller Regel nicht, wenn wir bei Fehlverhalten nur Wattebäusche werfen. Bestärkung und Bestrafung gehen in Erziehung und Ausbildung Hand in Hand, wobei Bestrafung nicht »Schmerz zufügen« oder »Angst einflößen« meint.

Positive Bestärkung

Bei erwünschtem Verhalten, also wenn Ihr Hund beispielsweise auf Handzeichen Platz macht, einen Dummy apportiert oder sich an der richtigen Stelle löst, wird er gelobt und belohnt: Sagen Sie »Fein!«, »Suuuper!« oder »Toll macht er das!«, geben Sie Belohnungshappen, spielen oder toben mit Ihrem Hund, tätscheln und streicheln Sie ihn. Das ist das Grundprinzip dieser Methode: Ihr Hund bekommt eine Belohnung infolge eines gewünschten Verhaltens, auf dass er es fortan häufiger zeige. Sie werden schnell herausfinden, was Ihr Hund mag und wie Sie ihn glücklich machen und somit sein Verhalten steuern. In der Anlernphase von Kommandos und in der Grunderziehung Ihres Welpen sollten Sie versuchen, so weit es geht damit zu arbeiten.

Bei der Bestärkung sind Konsequenz und gutes Timing wichtig. Ihre Reaktionszeit beträgt nur etwa eine halbe bis eine Sekunde, länger bringt der Hund Ihr Lob nämlich nicht mit seinem Verhalten in Verbindung. Sie müssen also blitzschnell sein! Und Sie dürfen sich ruhig übertrieben, lautstark und bewegungsreich freuen sowie Lob und Belohnung kombinieren. Das darf für Außenstehende lächerlich wirken, Ihr Hund wird Sie aber besser verstehen. Sie können auch Überbrückungssignale einbauen, für all jene Fälle, in denen Sie die eigentliche Belohnung nicht innerhalb der kurzen Reaktionszeit geben können, also beispielsweise bei Übungen, in denen Ihr Hund weiter entfernt ist: Freuen Sie sich sofort verbal und gestisch, und geben Sie den Keks dann, wenn Ihr Hund wieder bei Ihnen ist.

In der Mensch-Hund-Kommunikation sind fünf Faktoren maßgeblich, nämlich:

1. die innere Gestimmtheit und Aufmerksamkeit des Menschen (die spürt der Hund sehr genau!)
2. Gerüche
3. Gestik (»Zeigegesten«)
4. Mimik und Blicke sowie
5. die stimmliche Modulation

Idealerweise bestehen Ihre Reaktionen immer aus einer Kombination aller fünf Faktoren. Wenn Sie gestresst oder ängstlich sind, überträgt sich das auf den Hund, was auch immer Sie gerade sagen oder tun. Wenn Sie auffordernd mit den Armen wedeln, versteht ein Hund auch aus der Ferne, dass es spannend sein könnte zu Ihnen zu laufen. Eine ausgestreckte Handfläche erkennt er als Stoppsignal. Hunde können das Lachen von Menschen erkennen und richtig deuten. Und eine hohe Stimmlage empfinden sie als freundlich, lobend und bestärkend, eine tiefe als bedrohlich, tadelnd und verbietend.

Viele Hunde sind verfressen und gut mit Futter zu belohnen. Das muss aber nicht zwingend so sein. Der beste Bestärker ist immer das, was Ihr Hund in diesem Moment am liebsten tun würde (essen, kauen, spielen, jagen, schnüffeln, gelobt oder gekrault werden ...). Ohnehin sollten Sie sich nicht zum »Futterautomaten« machen: Hunde finden ganz schnell heraus, wie sie Ihnen die Leckerlis aus dem Futterbeutel entlocken können. Und sie wägen gut ab, ob der Inhalt es wert ist, sich entsprechend zu verhalten.

© Frank Wagner

Kelly vom Steinmetz, Großer Münsterländer

Viele Hundeschulen empfehlen auch, von Beginn an mit den Welpen »existenziell« zu trainieren. In diesem Fall geben Sie ihm sein Futter ausschließlich im Verlauf des Trainings, als Belohnung für richtiges Verhalten, »häppchenweise« oder auch als sogenannter Jackpot, also als ganz besonders hochwertige Belohnung. So wird ein maximales Bedürfnis des Hundes zur Kooperation geschaffen. Dabei müssen die an Ihren Vierläufer gestellten Aufgaben natürlich immer im Bereich des Möglichen liegen, also seinem Erziehungs- und Ausbildungsstand angepasst sein. Im dritten Teil des Buches wird das noch weiter ausgeführt.
Was für Sie und Ihren künftigen Jagdgefährten optimal ist, lässt sich nicht pauschal empfehlen. Hunde (und Menschen) sind sehr verschieden. Probieren Sie es aus und lassen Sie sich im Zweifel von Profis beraten.

Spielabbruch und Ignorieren

Manche Hunde haben einen angewölften und stark ausgeprägten will to please und sind weitgehend mit positiver Bestärkung zu erziehen. Wenn sie doch mal ein Fehlverhalten zeigen, hilft es manchmal schon, etwas Angenehmes zu unterlassen, wegzunehmen oder zu beenden, wenn Ihr Welpe ein unerwünschtes Verhalten zeigt. Wenn er beispielsweise in Ihre Finger beißt, während Sie ihn kraulen, lassen Sie das sofort sein. Es ist quasi ein Spielabbruch. Er lernt: Auf dieses Verhalten (Beißen) folgt das Ende des Angenehmen (Gekraultwerden), also ist In-die-Finger-Beißen nicht vorteilhaft.

Ein probates Mittel ist auch das Ignorieren als Reaktion auf unerwünschtes Verhalten: Wenn der Welpe Sie beispielsweise anspringt oder anbellt, wenden Sie sich ab, erstarren zur Salzsäule und lassen den Hund spüren, dass er etwas falsch gemacht hat und Sie sich deswegen nicht mehr mit ihm befassen wollen. Mit zunehmender Bindung kann das für Ihren Hund zu einer schlimmen Strafe werden – soweit die Theorie.
Einschränkend muss leider gesagt werden, dass diese sanften Methoden auf dem Papier wesentlich besser funktionieren als in der Erziehungspraxis. Gegen Fingerbeißen, Anspringen oder Anbellen mögen sie helfen, aber bei allen Formen von selbstbelohnendem Fehlverhalten werden Sie damit allein wenig ausrichten. Ganz einfach deswegen, weil Ihr Hund vor lauter Freude gar nicht bemerkt, dass er gerade bestraft oder ignoriert wird. Manchmal ist das unerwünschte Verhalten so spannend, dass sich ein Hund auch mit säuseln-

dem Rufen und den tollsten Lieblingsleckerlis nicht davon abbringen lassen wird.
Selbstbelohnend kann alles Mögliche sein, etwa Kot fressen, Schuhe zerkauen, Mäuselöcher ausgraben, frische Fährten ausgehen, Passanten am Zaun oder auf dem Fahrrad verbellen ... Diese Aufzählung ließe sich nahezu endlos erweitern. Auch scheinbar »harmloses« Fehlverhalten sollten Sie frühzeitig sanktionieren, denn so etwas kann schnell kippen: Statt Kot kann Ihr Hund auch Giftköder aufnehmen, eines Tages wird er vielleicht Ihre Lieblingsjagdstiefel erwischen oder einen Radfahrer zu Sturz bringen. Spätestens dann, wenn Ihr Hund sich oder andere gefährdet, wäre es äußerst fahrlässig von Ihnen, das einfach nur zu ignorieren.

Lassen Sie es nicht so weit kommen! Bei aller Liebe werden Sie manchmal nicht umhinkommen, in der Erziehung und im Alltag auch andere Reaktionsweisen einzusetzen.

Bestrafung

Unerwünschtes Verhalten kann zunächst verbal bestraft werden: Damit Sie dafür ein Instrument haben, müssen Sie von Anfang an klare Abbruch- und Verbotssignale wie »Nein!« oder »Pfui!« einüben und durchsetzen, und zwar mit entsprechender Modulation. Also tief, hart, zackig, verärgert ausgesprochen, nicht unbedingt laut: Hunde können gut hören. Wenn sie nicht hören, liegt es in aller Regel nicht an der Lautstärke, sondern an mangelnder Erziehung.

Manchmal funktioniert auch ein »Tausch« gegen Spielzeug oder Leckerlis, aber gerade zu Beginn der Erziehung kommt es vor allem darauf an, dem Welpen klare Regeln vorzugeben. Da sollten Sie eher nicht mit etwas Angenehmem kommen, wenn Sie eigentlich strafen möchten, zumal auch hier das Timing absolut entscheidend ist.

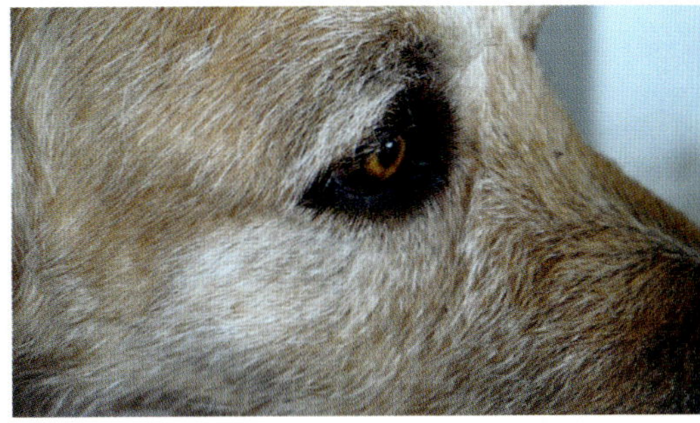

In vielen Fällen wirkt es Wunder, wenn die verbale Maßregelung mit einer (leichten) körperlichen einhergeht. Auch die Hundemutter maßregelt ihre Welpen mitunter spürbar; da geht es den Hunden wie den Menschen. Drohfixieren, Rempeln und Knurren beispielsweise hat Ihr Welpe höchstwahrscheinlich schon in seinen ersten Lebenswochen kennengelernt. Insgesamt sind Hunde untereinander alles andere als zimperlich, und Sie müssen das auch nicht sein.
Sie dürfen Ihren Welpen, begleitend zum Verbotssignal, also durchaus manuell von seinem unerwünschten Verhalten abbringen: Sie können ihn wegschubsen oder -ziehen; Sie können sich Dominanzgesten zu eigen machen, die aus dem Umgang von Hunden mit Artgenossen abgeschaut sind, etwa um die Schnauze greifen, kurz auf den Boden drücken, über den Hund stellen, fest in die Augen schauen. Bei unerwünschtem Verhalten wie anhaltendem Bellen oder wildem Toben im Haus, können Sie Ihren Hund kurzzeitig aussperren, also vom »Rudel« trennen und so Langeweile schaffen. Sobald er ruhig ist, holen Sie ihn wieder zu sich. So lernt er: auf Radau folgt Langeweile, bei Ruhe geht's zurück zum Spaß. Sie können eventuell auch einen unangenehmen Gegenstand werfen, beispielsweise eine stumpfe und scheppernde Wurfkette (die ihn erschreckt, aber keinesfalls verletzt), aber seien Sie bitte extrem vorsichtig mit solchen Hilfsmitteln. Meist geht es glücklicherweise auch ohne.

Im alltäglichen Umgang werden sich auch fast von allein typische Strafen einspielen, die der Hund versteht, idealerweise in Verbindung mit Verbotssignalen und Ihrem Gesamtausdruck. Wenn Sie konsequent sind in dem, was Sie verbieten, und wenn Sie berechenbar reagieren, wird Ihr Hund schnell lernen Sie zu lesen. Ihr Hund wird dann auch unterscheiden können, ob Sie belustigt, leicht verärgert oder stinksauer sind.

Sie dürfen Ihren Hund also ruhig schubsen oder rempeln oder ihm mit der Hand über die Schnauze greifen, aber wenn Sie ihn schlagen, treten, würgen, am Nackenfell schütteln (das bedeutet unter Hunden so viel wie Tötungsabsicht!), an den Behängen zerren oder mit der Leine peitschen, verlieren Sie nur sein Vertrauen – und gewinnen nichts. Außerdem besteht die Gefahr einer Eskalation: Hunde sind hart im Nehmen; sie gewöhnen sich auch an Schmerzen. Wenn Sie ständig nur strafen, gehen Sie unnötig das Risiko ein, eine Spirale aus Handlung – Strafe – erneuter Handlung – stärkerer Strafe in Gang zu setzen.

Tipp:
Nutzen Sie zum Strafen niemals die Leine!
Die Leine ist eine Verbindung zwischen Mensch und Hund, sie soll ihm Sicherheit und Schutz geben. Ein Leinenruck kann außerdem auf die Halswirbel einwirken, was insbesondere für einen Welpen gefährlich sein kann.

Es ist schon darauf hingewiesen worden, dass die Zeit, in der ein Hund sein Verhalten und Ihre Reaktion verknüpft, extrem kurz ist, nämlich nur etwa statt maximal eine Sekunde lang. Deswegen hat ein nachträgliches Bestrafen nach Ablauf der Reaktionszeit keinen Sinn, sondern verwirrt Ihren Hund nur und beschädigt die Vertrauensbasis, denn er kann die Strafe nicht mit seinem Tun in Verbindung bringen. Wenn Ihr Hund auf dem Hundeplatz Ihre anhaltenden Rückrufsignale ignoriert, arbeiten Sie im nächsten Training am Rückruf. Bestrafen Sie ihn niemals, wenn er dann irgendwann doch zu Ihnen zurückgekommen ist, sonst verbindet er das Kommen mit der Strafe und wird künftig lieber wegbleiben. Und wenn Sie eines Tages nach Hause kommen und Ihr Liebling hat das Sofa angeknabbert, dann haben Sie etwas falsch gemacht, nicht er. Es gibt keine Form der Bestrafung, die der Hund mit dieser zurückliegenden Tat verbinden würde. Wie auch immer Sie ihn dafür bestrafen, wird für ihn unverständlich sein. Überlegen Sie sich lieber, warum er das getan hat: War er zu lange allein im Haus? Hat er Angst? »Dreht er durch«, weil er Sie nicht beschützen kann?

Hinweis:
Der Satz »Ein harter Hund braucht eine harte Hand« ist wissenschaftlich und erziehungspraktisch widerlegt.
Alle Hunde brauchen klare Ansagen und Konsequenz, aber kein Hund braucht Härte. Wenn Sie allein nicht zurechtkommen, suchen Sie sich Hilfe bei einer guten Hundeschule.

DIE NR. 1 SIND SIE!

Klare Regeln machen das Zusammenleben leichter für Hund und Mensch. Hunde diskutieren nicht und stimmen nicht demokratisch ab. In ihrer Welt gilt eine Rangordnung. Dieser Begriff ist aber – ähnlich wie der des Rudels – in diesem Kontext nicht biologisch zu verstehen, sondern nur zur Versinnbildlichung des Verhältnisses von Hund und Mensch. Vor allem ist er nicht als eine Art »Hackordnung« von oben nach unten zu verstehen, in der Ranghöhere willkürlich und egoistisch gegenüber Rangniedrigeren handeln dürfen, sondern im

Sinne eines Gefüges aus gestuften Kompetenzen und Verantwortlichkeiten. An der Spitze der Rangordnung stehen keine Despoten, sondern gütige und kluge Familienoberhäupter, denen das Wohl des gesamten Rudels am Herzen liegt.
Entgegen der landläufigen Vorstellung haben die meisten Hunde nicht das innere Bestreben, an die Spitze des Rudels respektive der Rangordnung zu gelangen, denn Rudelführung ist anstrengend und gefährlich. Sie drängen instinktiv nur dann in die Führungsrolle, wenn die Alphatiere nicht ausreichend für Nahrung, Gemeinschaft und Schutz sorgen. Das schließt natürlich nicht aus, dass insbesondere Junghunde immer mal mehr oder weniger spielerisch die Grenzen austesten. Dann ist souveräne Autorität gefragt.

© Tanja Dautzenberg

Übrigens: Hunde spüren sehr genau, wie die Rangordnung ist. Familienmitglieder unterhalb der Geschlechtsreife, also Ihre Kinder, sind aus Sicht eines erwachsenen Hundes rangniedriger. Daran können Sie nichts ändern. Aber Sie können klarstellen, dass der Hund keinerlei erzieherische Verantwortung zu übernehmen hat, indem Sie erstens das selbst tun und zweitens jede Aktivität Ihres Hundes in diese Richtung unterbinden.

Die Grundregeln

Die Grundregeln in einer Mensch-Hund-Gemeinschaft lassen sich so formulieren:

1. Der Mensch hat jederzeit die Kontrolle über Futter, Spielzeug und Beute. Aktivitäten gehen grundsätzlich von ihm aus. Er entscheidet, wann der Spaziergang oder das Spiel beginnt und wann es endet, wann es etwas zu fressen gibt. Er darf jederzeit alles; der Hund muss vorher »um Erlaubnis fragen«.
2. Der Mensch führt souverän und sicher. Und das ohne Willkür. Sein Verhalten muss für den Hund gleichförmig, konsequent und verständlich sein.
3. Der Mensch konditioniert den Hund – nicht der Hund den Menschen. Der lässt sich nicht manipulieren, auch nicht dann, wenn der Hund ihn zärtlich anstupst oder aus seinen treuen Dackelaugen anschaut.

Sie sind – bei aller Vorsicht, mit der auch dieser Begriff hier zu gebrauchen sind – das Alphatier für Ihren Jagdgefährten.

Die Regeln klingen erst einmal hart, und es wird auch Ihnen selbst wahrscheinlich auch niemals hundertprozentig gelingen, sie zu befolgen. Aber es sind Orientierungspunkte. Wenn Sie Ihre Sache gut machen, werden beide Seiten zufrieden sein.

© Volker Pesch

Zähne sind (eigentlich) nur zum Fressen da.

Verfügung über das Futter

Stellen Sie einem Hund – anders als beispielsweise einer Katze – niemals Futter zur freien Verfügung hin, sondern geben Sie das Futter in abgemessener Menge, wenn Sie es nicht ohnehin nur im Rahmen des Trainings geben (siehe oben und Teil 3). Anderenfalls würde sich Ihr Hund sonst vermutlich instinktiv daran überfressen. Manche führen feste Fütterungszeiten ein, um das Betteln zu verhindern. Das können Sie tun. Allerdings setzen Sie sich damit selbst unter Druck, diese Zeiten auch einzuhalten.

Ihr Hund sollte auch daran gewöhnt werden, dass Sie ihm Futter wegnehmen können und das ohne Knurren oder Drohen. Ignorieren Sie jegliches Betteln; es wird bald nachlassen, wenn Sie konsequent sind. Nehmen Sie – natürlich nur zum Schein – gelegentlich einen Happen aus seinem Napf, aber seien Sie niemals willkürlich oder ungerecht. Stellen Sie den Napf dann wie gewohnt hin, lassen Sie den Hund noch kurz auf seinem Platz sitzen. Dann rufen Sie ihn und erlauben ihm zu fressen (mit Signalworten wie »Komm!« oder »Los!«).

Um ein Missverständnis zu vermeiden: Es gibt keine »Futterrangordnung« in dem Sinne, als dass in einem Rudel die ranghöheren Tiere immer zuerst fressen würden. Im Gegenteil: In Wolfsrudeln kommt es nicht selten vor, dass ranghohe Tiere die rangniederen zuerst fressen lassen und das nach außen absichern, jedenfalls wenn genügend Nahrung für alle vorhanden ist. Und umgekehrt verteidigen auch rangniedrige Wölfe ihre Beutehappen gegenüber ranghöheren. Allerdings sollte man solche Analogien zum Wolfsrudel nicht überstrapazieren, denn unsere Hunde haben sich in den Tausenden von Jahren der gemeinsamen Entwicklung weiterentwickelt, und zwar in Bezug auf uns (siehe oben in Teil 1: Canis lupus familiaris!).

Entscheidend ist nicht, ob der Hund vor oder nach Ihnen sein Futter bekommt, entscheidend ist, dass er es von Ihnen bekommt und dass Sie immer die volle und alleinige Verfügungsmacht darüber behalten.

Zähne sind (nur) zum Fressen da

Welpen neigen dazu, in alles zu beißen und auf allem zu kauen. Auch gegenüber Mensch und Tier

zeigen sie oft die Zähne. Aber eigentlich lernen sie von der Mutter und im spielerischen Kampf mit den Geschwistern die Grenzen: Werden sie zu wild oder beißen zu fest, wird die Hündin sie durchaus unsanft in die Schranken weisen, und ihre Geschwister zeigen durch hohes Quieken Schmerz an. So entwickeln Welpen eine Beißhemmung.
Im Spiel und beim Training wird es allerdings gerade zu Beginn immer wieder vorkommen, dass Sie die Zähne des Welpen spüren. Dann sollten Sie sofort laut und quiekend »Aua!« rufen und die Handlung abbrechen, also das Fehlverhalten negativ bestrafen. Aber ziehen Sie nicht die Hand weg, denn das verleitet den Hund nur zum Nachschnappen.

Eine Übung zur Festigung der Beißhemmung bei sehr jungen Welpen: Nehmen Sie ein wohlriechendes Leckerli in die geschlossene Faust. Ihr Welpe wird mit allen Mitteln versuchen, daran zu kommen, auch mit den Zähnen. Öffnen Sie die Faust erst in dem Moment, in dem er ablässt und geben ihm das Leckerli.

Grundsätzlich sollten Sie mit allen Mitteln und absolut konsequent dafür sorgen, dass Ihr Hund von klein an nur auf Fressen und Kauspielzeug kaut.

GEHORSAM MACHT FREUDE

Eine artgerechte Erziehung und Ausbildung eines Welpen und Junghundes beruht auf fünf Säulen:

- Eigeninitiatives, vom Menschen geführtes Lernen,
- Spielen als Grundlage allen Lernens,
- Kommunikation zwischen Mensch und Hund,
- schrittweiser Aufbau von Übungen und Ausbildungsinhalten und
- konsequent eingesetzte Rituale, die einen verlässlichen Rahmen geben.

Auf dieser Grundlage können Sie Ihren Hund zum Rettungs- oder Therapiehund ausbilden, können ihm beibringen, Sprengstoff oder Bettwanzen zu erschnüffeln, und im Hundesport die tollsten Sachen einüben – gut erzogene und ausgebildete Hunde sind zu erstaunlichen Leistungen fähig. Das gilt natürlich auch für die jagdliche Ausbildung.
Absolut unerlässlich ist es, Ihrem Welpen einen stabilen Grundgehorsam anzuerziehen. Natürlich können Sie einen Hund auch an der Leine hinterherschleifen, Sie können Lebensmittel auf den höchsten Schrank stellen und stoisch lächelnd das Gekläffe ertragen, wenn der Postbote klingelt. Wenn Sie sich einen Hund von kleiner Rasse angeschafft haben, geht das theoretisch ein Leben lang. Wenn Sie sich jedoch für einen Magyar Viszla, Labrador oder Deutsch Drahthaar entschieden haben, wird der Ihnen bald Ihre Gren-

© Volker Pesch

Spielerisches Lernen im Revier

Wenn der Welpe die Welt erkundet, zeigt sich, ob die Signale schon sitzen.

zen zeigen. So oder so ist das Zusammenleben einfacher und schöner, wenn Ihr Hund mindestens die grundlegenden Kommandos kennt und zuverlässig befolgt, übrigens auch für den Hund. Und diese bilden auch die Basis der späteren jagdlichen Ausbildung.

Grundbefehle und Stoppsignale

Ihr Welpe sollte also so schnell es geht einige Grundbefehle und Signale lernen. Das können gesprochene Worte sein, aber auch Handzeichen, Geräusche, Pfeiftöne und mimische Ausdrucksweisen. Vielfach sind es Kombinationen beziehungsweise Worte, Zeigegesten und Töne mit gleicher Bedeutung. Es geht dabei um Aufforderungen, etwas zu tun oder zu unterlassen. Die Inhalte sind für uns Menschen eigentlich selbsterklärend:

Die gängigen Grundbefehle sind »Sitz!«, »Platz!«, »Steh!« (jeweils auch in Verbindung mit »Bleib!«), dann »Auf deinen Platz!«, »Komm!« oder »Hier!« und »(Bei) Fuß!«, außerdem »Lauf!« oder »Los!« und »Nimm's!«.

Die gängigen Stoppsignale sind »Halt!« oder »Nein!« sowie »Pfui!« (das verbietet, etwas ins Maul zu nehmen) und »Stopp!« (das befiehlt, sofort auf der Stelle anzuhalten und zu bleiben, egal was der Hund gerade macht).

Natürlich lassen sich auch andere Begriffe nutzen, wichtig ist nur, die einmal eingeübten Signale beizubehalten und konsequent einzusetzen. In der Ausbildungspraxis werden diese Grundbefehle und Signale meist einheitlich als »Kommandos« bezeichnet.

Tipp:
»Komm!« eignet sich nicht gut als Kommando!
Denn wir verwenden das Wort ständig im Alltag, auch unter uns Menschen. Der Hund hört es also dauernd, ohne irgendetwas tun zu müssen, und kann nicht unterscheiden, wann es ihm gilt.

»Sitz!«, »Platz!«, »Bleib!«

Möchten Sie Ihren Hund gezielt in eine sitzende Position bringen, halten Sie ihm ein Stück Futter über die Nase und ziehen es langsam nach oben. Wenn Sie dabei noch den Zeigefinger nach oben halten, lernt er das Sichtzeichen direkt mit. In dem Moment, in dem sich der Hund hinsetzt, sagen Sie einmal das Kommando »Sitz!« und belohnen. Vermeiden Sie möglichst, das für den Hund zu diesem Zeitpunkt noch unbekannte Kommando mehrfach zu wiederholen, bevor er sich tatsächlich hinsetzt. Das verwirrt ihn nur und verhindert, dass

Ihr Hund eine klare Verknüpfung zwischen dem Kommando »Sitz!« und der gewünschten Tätigkeit des Hinsetzens herstellen kann.
Zu diesem Zeitpunkt etablieren Sie ebenfalls das Auflösesignal. So lernt Ihr Hund direkt, dass ein statisches Signal wie »Sitz!« oder »Platz!« niemals ohne Auflösung Ihrerseits beendet wird. Lassen Sie Ihren Hund dazu sitzen, belohnen Sie ihn und noch bevor er selbstständig wieder aufsteht, sagen Sie zum Beispiel »Lauf!« und winken ihn mit einer einladenden Handbewegung aus seiner Position heraus.

Bei den Kommandos »Platz!« oder »Down!« müssen Sie unter Umständen mit ein paar Tricks und Kniffen arbeiten, damit sich Ihr Hund hinlegt. Zunächst starten Sie mit Ihrem Hund aus der sitzenden Position, wie zuvor beschrieben. Dann ziehen Sie das Futterstück langsam vor seiner Nase nach unten. Dabei können Sie das Futter zwischen Daumen und Zeigefinger klemmen und die Hand flach ausstrecken. Somit wird das Sichtzeichen direkt mit verknüpft. Der Bewegungsablauf sollte so aussehen, dass der Hund auf dem Hinterteil sitzen bleibt und nur mit den Vorderpfoten nach unten geht, um an das Futter zu gelangen. Sobald er in der liegenden Position ist, geben Sie das verbale Kommando und lassen ihn den Keks fressen. Achten Sie darauf, dass Sie die Hand mit dem Futter nur nach unten und nicht gleichzeitig nach vorne ziehen, denn sonst wird Ihr Hund sich strecken müssen, um an das Futter zu gelangen und unweigerlich auch mit dem Hinterteil wieder hochkommen. Werfen Sie nicht gleich die Flinte ins Korn, wenn es einige Versuche braucht, bis Ihr Hund versteht, worum es geht. Er muss ja nun selbst nach einer geeigneten Taktik suchen um Erfolg zu haben. Dafür prägt es sich dann umso besser ein!

Manche Hunde gehen anfangs mit den Vorderpfoten nicht bis ganz runter und stehen im letzten Moment immer wieder auf. Aber Sie können zu

In Verbindung mit Handzeichen lernt der Hund die Grundbefehle besonders gut.

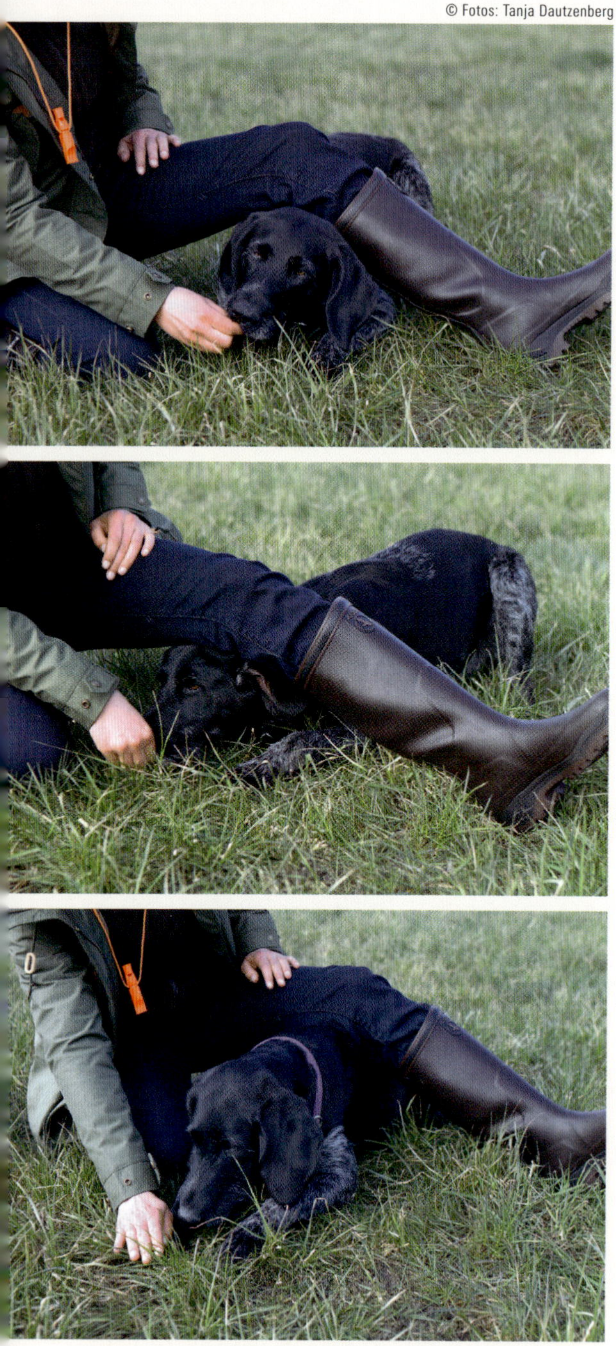

Der Trick für hartnäckige Verweigerer des Platz/Down. Locken Sie den Hund mit Futter unter Ihrem angewinkelten Bein hindurch und geben Sie das Leckerchen frei, sobald er liegt.

Beginn ein wenig tricksen. Setzen Sie sich zu Hause auf den Boden und locken Sie Ihren Hund mit einem Stück Futter ganz langsam unter Ihrem ausgestreckten und leicht angewinkelten Bein hindurch. Sobald er sich hinlegt, um darunter durch zu kriechen, geben Sie das Kommando und das Futter frei. Wenn Ihr Hund immer wieder außen um Ihr Bein läuft, um an das Futter zu gelangen, kann das daran liegen, dass Sie die Hand mit dem Futter zu schnell unter dem Bein durchziehen. Haben Sie es nun geschafft, dass sich Ihr Hund hinlegt, nutzen Sie auch hier wie beim »Sitz!« das Auflösesignal. Nach einigen Wiederholungen hat Ihr Hund eine Ahnung davon, mit welcher Taktik er an das heruntergehaltene Futter kommen kann, und wird sie nach ein paar Versuchen auch ohne Ihre Hilfestellung anwenden.

Das verbale Kommando »Bleib!« ist grundsätzlich nicht notwendig. Sie können aber die Verbindlichkeit, sitzen oder liegen zu bleiben, bis Sie das Auflösesignal geben, stärken und genauso üben wie nachfolgend beschrieben. Lassen Sie dafür das verbale Kommando »Bleib!« einfach weg. Das »Bleib!« ist aber für viele Menschen eine gute Gedankenstütze und hilft bei der konsequenten Umsetzung im Training. Geben Sie Ihrem Hund das Signal »Sitz!« und strecken Sie ihm blockierend die Handfläche entgegen. Dabei sagen Sie einmal »Bleib!« und gehen zunächst nur einen Wiegeschritt zurück und sogleich wieder vor. Loben Sie Ihren Hund, wenn er sitzen geblieben ist und geben Sie ihm das Futter. Dann folgt das Auflösesignal.

Ist diese Übung gefestigt, steigern Sie Schritt für Schritt die Distanz zum Hund. Gehen Sie anfangs rückwärts und nach Möglichkeit immer nur so weit weg, dass es Ihr Hund schafft, sitzen zu bleiben. Sollte er doch aufstehen und das Kommando selbst auflösen, sagen Sie ruhig und besonnen »Nein!«, bringen ihn wieder zurück in die Ausgangsposition und starten die Übung erneut mit einer kürzeren und für Ihren Hund einfacheren Distanz. Wenn Sie so weit sind und sich gut zehn Schritte rückwärts von Ihrem Hund entfernen können, drehen Sie ihm kurz den Rücken zu und gehen dann wieder zu ihm zurück. Am Ende der Wegstrecke gehen Sie nun eine immer größere Distanz mit dem Rücken zum Hund weiter, bis Sie sich schließlich komplett abgewandt von ihm entfernen können.

Tipp:
Rufen Sie Ihren Hund nicht aus einer bleibenden Position heraus ab, solange diese Übung nicht gefestigt ist!

Es sollte sich keine Erwartungshaltung aufbauen, endlich loslaufen zu dürfen. Holen Sie ihn anfangs immer aus seiner Warteposition ab und belohnen ihn dort.

Schritt für Schritt entfernen Sie sich immer weiter vom Hund. Das Handzeichen ist nicht zwingend notwendig, allerdings für manche Hundeführer eine gute Gedankenstütze.

Handzeichen mit flacher Hand nach unten

Blockierendes Handzeichen und rückwärts Entfernen

Tipp: Üben Sie immer an verschiedenen Orten und in verschiedenen Situationen.

Das Bleiben nach »Platz!« wird genauso aufgebaut. Die erste Hürde besteht allerdings darin, sich selbst aufzurichten, ohne dass Ihr Hund direkt wieder aufsteht. Bevor Sie also den Wiegeschritt wagen, richten Sie sich kurz auf, beugen sich dann wieder herunter um zu belohnen und lösen dann auf. Sobald das klappt, entfernen Sie sich schrittweise.

Löst Ihr Hund ein Kommando vorzeitig selbst auf, bringen Sie ihn konsequent wieder in seine Ausgangsposition zurück und lassen ihn erneut sitzen oder liegen. Für diese Korrektur geben Sie kein Futter, sondern bringen die Übung zu Ende, wenn notwendig in vereinfachter Form. Dann können Sie belohnen.

Tipps aus der Praxis

Beachten Sie grundsätzlich folgende Regeln und Hinweise aus der Praxis:

- Üben Sie nicht nebenbei und zufällig, sondern konzentriert und aufmerksam. Hundeerziehung geht nicht zwischen Tür und Angel!
- Achten Sie darauf, in ruhiger und reizarmer Umgebung mit den Übungen zu beginnen und die Ablenkungsreize langsam zu steigern, je nach Trainingsstand des Hundes.
- Beginnen Sie mit kurzen Übungsintervallen von fünf bis zehn Minuten, sodass die Konzentration Ihres Hundes nicht abnimmt und Sie gemeinsam mit einem positiven Ergebnis die Übung abschließen können.
- Sprechen Sie die Kommandos immer moduliert aus, das heißt klar, deutlich und konsequent, niemals laut, aggressiv oder nervös, sonst interpretiert der Hund sie als Bellen und bellt freudig mit.
- Nutzen Sie die Kombination von Stimme und Handzeichen. Gerade Welpen lernen oft erst die Handzeichen, dann die Worte. Heben Sie den Zeigefinger bei »Sitz!«, strecken Sie Ihrem Hund die Handfläche entgegen bei »Bleib!«, wedeln Sie freudig mit den Armen bei »Hier!«, zeigen Sie auf den Boden bei »Platz!«.
- Wenn etwas (noch) nicht klappt, versuchen Sie es später erneut; versuchen Sie nicht, es zu erzwingen.
- Wiederholen Sie Kommandos und Handzeichen nicht ständig, obwohl der Hund nicht reagiert. Geben Sie dem Hund überhaupt nur Signale, die Sie auch durchsetzen können. Mit jedem Nichtbefolgen lernt der Hund, dass dieses Signal keine Bedeutung für ihn hat. Bei den Distanzübungen (wie »Komm!« oder »Hier!«) kann eine Feldleine hilfreich sein, mit der Sie den Hund unter Kontrolle behalten, bis das Signal sicher befolgt wird.
- Gehen Sie Schritt für Schritt vor und überfordern Sie Ihren Welpen nicht mit zu vielen Übungen und

© Volker Pesch

Signalen. Erst wenn eine Übung zuverlässig klappt, sollten Sie zum nächsten Schritt übergehen.

- Wenn es anfänglich klappt, belohnen und loben Sie immer. Wenn es später ganz sicher klappt, tun Sie das nur noch unregelmäßig, der sogenannte Lotterieeffekt macht es für den Hund nämlich interessanter.
- Versuchen Sie nach der Befolgung von Kommandos die Aufmerksamkeit des Hundes so lange wie möglich auf sich zu ziehen.
- Viele kurze Trainingseinheiten über den Tag verteilt sind besser als einzelne längere. Unkonzentriertheit des Hundes ist meist erkennbar (wenn man hinschaut!), Sich-Kratzen oder Gähnen zeigen Überforderung an.
- Üben Sie immer an verschiedenen Orten und in verschiedenen Situationen, etwa vor anderen Menschen, bei vorbeifahrenden Autos, beim Türklingeln. Arbeiten Sie auch bewusst mit »Stolpersteinen«.

Erste Übungen zum Gehorsam

1. Faustpfand

Nehmen Sie in beide offene Hände ein Leckerli. Ihr Hund wird an einer Hand schnuppern und versuchen, an das Leckerli zu gelangen. Schließen Sie vorher die Faust und sagen »Nein!« Wenn er dann an die andere, noch offene Hand geht, sagen Sie »Nimm's!« und lassen ihn fressen. Üben Sie das so lange, bis der Hund bei »Nein!« von allein zur anderen Hand wechselt und Sie die Faust nicht mehr schließen müssen. Sie können die Übung steigern, indem Sie das Leckerchen auf den Boden legen und bei »Nein!« aus der Hand belohnen.

2. Ablegen

Ablegen ist grundsätzlich als Ruheübung wichtig und für Jagdhunde unverzichtbar. Dabei wird der Hund mit »Platz!« und »Bleib!« oder »Ablegen!« in eine liegende Position gebracht und soll so lange in dieser bleiben, bis die Übung beendet wird (mit »Lauf!« oder »Ende!« und Belohnung). Das können Sie gar nicht früh genug üben. Legen Sie den Welpen auf einer Decke, einem Rucksack, einer Jacke ab; das hilft ihm zu verstehen, was gefordert ist und wann es vorbei ist. Gehen Sie erst nur ein paar Schritte weg, kehren sofort zurück und loben oder belohnen ihn. Rufen Sie den Hund nicht aus der Ferne ab, sondern kehren Sie immer zum Ablegeplatz zurück (sonst entsteht eine Erwartungshaltung über die gesamte Übungsdauer). Sichern Sie die Übung anfänglich mit angelegter Leine, denn Sie haben ja keine Möglichkeit, aus der Ferne zu sanktionieren, wenn der Welpe aufstehen sollte. Beginnen Sie wirklich mit ganz kurzen Zeiteinheiten und steigern Sie die Übung dann langsam hinsichtlich Entfernung, Dauer des Außer-Sicht-Seins, Ablenkungen (andere Hunde, Ball, Schuss ...). Erst wenn Sie sich einigermaßen sicher sind, dass Ihr Hund liegen bleiben wird, was auch immer passiert, üben Sie ohne Sicherheitsleine weiter.

3. Besuch kommt

Beim Klingeln soll der Hund nicht zur Tür stürmen und den Besuch oder Paketboten verbellen. Auch das können und müssen Sie frühzeitig üben:
Variante 1: Lenken Sie Ihren Welpen beim Klingeln sofort ab, zum Beispiel durch Spielen oder Leckerlis, oder schicken Sie ihn auf seinen Platz, geben das Signal »Sitz!« und belohnen, wenn er es befolgt.
Variante 2: Die »Fünf-Minuten-Regel«. Wenn Sie selbst nach Hause kommen oder Besuch kommt, wird der Hund erst einmal ein paar Minuten komplett ignoriert, also nicht begrüßt, gestreichelt oder sonst wie beachtet. Schon der Welpe lernt so: Es macht keinen Sinn, zur Tür zu laufen und Radau zu machen.
In der Praxis wird daraus sicher eher eine »30-Sekunden-Regel« und diese Zeitspanne reicht auch: Hauptsache, Sie begrüßen nicht sofort an der Tür, sondern gehen erst einmal ins Haus. Aber darin sollten Sie wirklich absolut konsequent sein.

4. Ruheübung

Diese Übung hilft, wenn Ihr Hund bei Begegnungen mit anderen Hunden oder in unruhiger Umgebung übermäßige Unruhe zeigt. Treten Sie mit dem Fuß auf die Leine, sodass der Bewegungsspielraum Ihres Hundes stark eingeschränkt ist, und lassen Sie ihn umherspringen, kläffen oder was auch immer er tun will. Ignorieren Sie das völlig. Sobald er von selbst ruhig wird oder sich gar setzt oder hinlegt, belohnen und loben Sie ihn.

© Volker Pesch

SCHRITT FÜR SCHRITT INS HUNDELEBEN

Erste Gänge in Haus und Revier

Wenn der Welpe angekommen ist, wird er Schritt für Schritt sein neues Zuhause erkunden. Lassen Sie ihn das in seinem Tempo und auf seine Weise tun, aber bleiben Sie schützend bei ihm. Gehen Sie zunächst immer nur für etwa 15 Minuten in den Garten. Hier können Sie auch beginnen, den Kleinen spielerisch an die Leine zu gewöhnen (siehe unten). Erweitern Sie das Revier nach und nach, gehen Sie kurz vor der Haustüre spazieren, dann etwas länger oder weiter, je nach den Möglichkeiten.

In der wichtigen Prägungsphase der 8. bis 16. Lebenswoche sollte ein Hund so viele Erfahrungen machen wie nur möglich. Zeigen Sie ihm am besten alles, was sich zeigen lässt: Lastwagen, Traktoren, Radfahrer, Gartengeräte, Müllabfuhr, Kühe, Pferde, Hühner und so weiter, aber immer unter Ihrem Schutz und unterbrochen von langen Ruhephasen. Überfordern Sie den Welpen nicht! Das Tagessoll ist auch abhängig von den sonstigen Aktivitäten, wie etwa Autofahrten, Besuch im Haus oder Treffen mit anderen Welpen.

Irgendwann werden Sie längere Spaziergänge unternehmen, idealerweise erst einmal in sicherer Umgebung, später dann auch im Revier. Lassen Sie den Welpen zunächst frei laufen und legen ihn nur dann an eine lange Feldleine (acht bis zehn Meter), wenn es aus Sicherheitsgründen unabdingbar ist. Wahrscheinlich wird er um Sie herum »pendeln« und sich nur zögernd entfernen. Allerdings nimmt die Entfernung mit zunehmendem Alter und Erfahrung zu. Sie müssen die Gefahren abschätzen und den richtigen Zeitpunkt abpassen, zu dem eine Leine zwingend notwendig wird. Manche üben sicherheitshalber nur mit Schleppleine.

Wenn der Welpe irgendwo abgelenkt wird, lassen Sie das zunächst zu. Rufen Sie nicht seinen Namen oder »Hier!«, solange Sie dieses Signal noch nicht sicher eingeübt haben. Warten Sie stattdessen, bis er von sich aus wieder auf Sie aufmerksam wird oder angelaufen kommt, und rufen erst in diesem Moment. Die ersten Spaziergänge sind auch gute Zeitpunkte, um die Aufmerksamkeit des Welpen mit Schnalzgeräuschen zu erregen: Wenn der Kleine bei Ihnen ist, machen Sie ein typisches Geräusch, und wenn er darauf reagiert, belohnen Sie ihn.

Wann immer es möglich ist, sollten Sie ihm spannende Unterhaltung bieten. Dazu können Sie

- jede Kontaktaufnahme belohnen,
- häufig Tempo und Richtung wechseln,
- »überraschend« etwas Spannendes finden, zum Beispiel ein Spielzeug, einen Rotwildlauf oder ein Stück von der Sauschwarte (aber bitte keine Leckerlis oder Wurst: Ihr Hund soll nicht lernen, beim Spaziergang Essbares aufzunehmen, denn eines Tages könnte es ein Giftköder sein),
- Spiele einbauen wie ein Dummy werfen oder im Slalom gehen (Zerr- und Beißspiele sollten Sie mit einem Welpen nur vorsichtig machen, sonst gefährden Sie Zähne, Knochen und Gelenke)
- Leckerchen werfen und dabei den Hundenamen rufen,
- erste Grundbefehle und Signale an unterschiedlichen Stellen und in unterschiedlichen Situationen üben.

Das alles fördert die Welterkenntnis Ihres künftigen Gefährten, stärkt sein Selbstbewusstsein und baut die Bindung zu Ihnen auf. Und es ist (fast) die schönste Zeit.

Wichtig ist, dass Sie bei diesen Spazier- und Reviergängen (wie auch beim späteren Training) in Gedanken ganz bei Ihrem Welpen sind. Er wird spüren, wenn Sie in Gedanken anderswo sind, erst recht dann, wenn Sie sich unterhalten oder telefonieren. Und seien Sie umsichtig und vorausschauend, um Probleme frühzeitig zu erkennen und zu vermeiden (zum Beispiel Kothaufen, andere Hunde, vorbeirasende Motorräder, Pferde etc.). Bleiben Sie immer ruhig und souverän, und nehmen Sie Ihren Welpen im Zweifel schützend auf den Arm. Als Hundeführerin oder -führer müssen Sie jede Situation sicher im Griff haben, denn der Welpe würde Ihre Unsicherheit oder Angst spüren.

Meint der mich? – Name und Rückruf

Hunde kennen ihren Namen nicht, sondern bringen diesen Laut nur mit Erfahrungen in Verbindung. Das können gute oder schlechte Erfahrungen sein. Rufen Sie Ihren Welpen immer fröhlich und mit hoher Stimme beim Namen, wenn er gerade zu Ihnen kommt oder ein erwünschtes Verhalten zeigt; auf diese Weise wird er seinen Namen positiv verknüpfen. Rufen Sie ihn niemals wütend, wenn er gerade etwas Unerwünschtes tut oder während Sie ihn bestrafen, sonst wird er seinen Namen negativ verknüpfen. Und sprechen Sie den Namen nicht ständig im Alltag aus, ohne dass damit besondere Erfahrungen für den Hund verbunden sind, sonst verknüpft er damit bald gar nichts mehr. Was für Sie als sprachbegabter Mensch sein Hundename ist, wird für Ihren Welpen dann nur noch ein ständig gehörtes Geräusch ohne Bedeutung sein. Er soll aber später hundertprozentig und in jeder Situation auf seinen Namen hören, und das wird nur gelingen, wenn er hundertprozentig verknüpft hat, dass auf den Namensruf auch etwas folgt – und zwar etwas Angenehmes.

Der Name dient aber zunächst nur als Aufmerksamkeitssignal. Der Ruf des Namens soll also nicht selbst ein Verhalten bewirken, sondern nur

Eine Pfeife hat den Vorteil immer gleichförmiger Töne.

die Aufmerksamkeit herstellen für ein folgendes Signal wie »Sitz!« oder »Hier!« oder »Zur Fährte!« Keinesfalls soll der Hund sofort kommen, sobald er seinen Namen hört. Er soll nur aufmerksam auf das warten, was Sie ihm sagen möchten. Solange das noch nicht sicher funktioniert, versuchen Sie lieber seine Aufmerksamkeit mit Pfeifen oder Schnalzen zu erregen.

Das wichtigste Signal für Ihren Hund ist der Rückruf, auch und gerade im jagdlichen Einsatz – und zugleich ist es eines der schwierigsten. Im dritten Teil zur praktischen Ausbildung wird das Thema noch ausführlich behandelt, zumal der Rückruf auch zu den erforderlichen Prüfungsleistungen im Bereich Gehorsam zählt. Aber Sie können und sollten mit dem Aufbau dieses Signals schon mit dem ersten Tag beginnen:
Rufen Sie »Hier!« oder »Hierher!«, wenn der Welpe ohnehin angelaufen kommt. Anschließend loben und belohnen Sie ihn fürstlich. Erst wenn Sie einigermaßen sicher sind, dass der Welpe erstens auf den Ruf seines Namens hin aufmerksam wird und zweitens das Herankommen mit dem Signal verknüpft hat, können Sie daran arbeiten, beides zu verbinden: »Hasso?! Hier!« Idealerweise üben Sie das erst ohne Ablenkungen, zum Beispiel in der Wohnung, und steigern die Ablenkungen nur langsam.

Sie können auch schon ein Signal mit der Pfeife geben oder mit den Lippen pfeifen. Erfahrungsgemäß sind Pfiffe stärker als Worte. Eine Pfeife hat den Vorteil immer gleichförmiger Töne, auch dann, wenn Sie selbst aufgeregt sind. Aber Sie müssen die Pfeife auch wirklich ständig um den Hals tragen, zu Hause am Garderobenhaken nützt sie nichts. Ihre Lippen haben Sie immer bei sich, aber gerade in Stresssituationen, wenn der Atem rast und der Mund trocken ist, fällt Ihnen das Pfeifen vielleicht schwer. Entscheiden Sie für sich, welches Signal für Sie funktionieren kann. In der späteren Ausbildung werden Sie auf die Pfeife kaum verzichten können (dazu mehr in Teil 3).
Aber noch einmal: Grundsätzlich sollten Sie weder den Namen noch ein Signal wiederholen, wenn der Welpe nicht reagiert und außerhalb der Reichweite ist, zum Beispiel weil er gerade etwas Spannendes entdeckt hat, sonst lernt er nämlich genau das: »Dieser komische Laut hat keine Bedeutung für mich, ich muss nicht darauf reagieren.« Bitte erklären Sie das auch eindringlich allen anderen Mitgliedern Ihres

Haushalts. Gerade Kinder neigen dazu, den Namen ihrer Haustiere ständig zu rufen. Für die spätere Ausbildung kann das zum echten Handicap werden.

Tipp:
Machen Sie niemals den zweiten Schritt vor dem ersten!
Gehen Sie lieber zwei Schritte zurück, wenn etwas nicht funktioniert. Das gilt für die gesamte Erziehung und Ausbildung Ihres künftigen Jagdgefährten.

Eine gute Verbindung – die Leinenführigkeit

Hunde fühlen sich an der Leine zunächst unsicher, weil sie nicht fliehen können, wenn Gefahr droht. Daher sollten Sie Ihren Welpen nur an Leine und Halsung nehmen, wenn Sie aktiv Leinenführung üben. Legen Sie ihm sonst zur Sicherheit ein Brustgeschirr an. Je früher Sie ihn daran gewöhnen, desto weniger wird es ihn stören.
Unterschiedliche Halsungen, Geschirre und Leinen mit jeweils zugehörigen Aktivitäten können Hunde sehr gut unterscheiden. Sie können also beispielsweise das Gehen an der kurzen Leine mit einer Halsung üben, das freie Herumschnüffeln mit Geschirr und Schleppleine ermöglichen und für die Ausbildung zur Fährtenarbeit eine spezielle Halsung mit Schweißriemen einsetzen.
Wenn Sie dabei wirklich konsequent sind und immer nur die jeweils passende Kombination nutzen, lernt Ihr Hund das schnell.
Wichtig: Wenn Sie zum freien Herumschnüffeln eine Flexileine mit Geschirr nutzen, beispielsweise zum täglichen Gassigehen in der Stadt, dann sollten Sie diese Kombination wirklich nur und ausschließlich zu diesem Zweck anlegen. Denn Ihr Hund wird lernen, dass er damit frei schnüffeln und nach Herzenslust ziehen darf, ohne auf Sie achten zu müssen. Wenn Sie dann in der Ausbildung oder bei der Fährtenarbeit ebenfalls ein Geschirr einsetzen, muss das ein spürbar anderes sein. Und noch ein Hinweis zur Flexileine: Nutzen Sie die in der Regel ganz geöffnet (meist acht oder zehn Meter), sodass Ihr Vierläufer lernen kann, wie weit er damit gehen kann. Geben Sie dem Hund nicht heute vier Meter Leine und morgen sechs Meter – er muss ja die Chance haben, seinen Radius richtig einzuschätzen.
Im Training hat eine Flexileine nichts zu suchen. Solange Sie für einzelne Übungen eine »Sicherheitsleine« benötigen, weil der Gehorsam noch

nicht gefestigt ist, nehmen Sie entweder eine Schleppleine oder eine (dünne) Feldleine.
Die Leinenführigkeit trainieren Sie am besten mit einer handelsüblichen Führungsleine oder einer Umhängeleine, dann haben Sie die Hände frei. Die Leine sollte nicht zu lang sein und immer gleich gehalten werden. Hunde kennen später »ihren« Raum zentimetergenau!

1. Schritt: Legen Sie die Halsung immer mal wieder spielerisch an, mit Leckerlis und ohne jeden Zwang. Ihr Welpe soll das komische Ding am Hals erst einmal positiv verknüpfen.
2. Schritt: Verbinden Sie die Leine mit der Halsung, lassen Sie den Welpen an der Leine erst stehen, dann vorsichtig gehen. Geben Sie anfangs etwas mehr Leine und lassen Sie sich nicht irgendwohin zerren. Wenn Ihr Hund geht, gehen Sie zügig mit, sodass die Leine sich nicht strafft. Wenn er mit loser Leine neben Ihnen bleibt, loben und belohnen Sie ihn. Der Welpe soll auf Sie achten, also Sie idealerweise anschauen. Zur Übung bekommt er ein Leckerli, sobald er richtig links neben Ihnen an lockerer Leine steht oder geht und Sie anschaut.
3. Schritt: Jetzt geben Sie Richtung und Geschwindigkeit vor. Beginnen Sie in ablenkungsarmer Umgebung und mit einfachem Geradeausgehen. Sobald sich die Leine zu straffen beginnt, bleiben Sie stehen oder wenden abrupt und gehen in die entgegengesetzte Richtung, also nicht erst dann, wenn der Hund das Leinenende erreicht, sondern sobald er die gewünschte Position neben Ihnen verlässt. Sie können für diesen Moment auch ein Signal wie »Achtung!« geben. Je nach Fortschritt bauen Sie dann schrittweise plötzliche Richtungs- und Geschwindigkeitswechsel ein, gehen Kreise, schlagen Haken oder queren absichtlich Verleitungen.

So lernt der Welpe noch besser auf Sie zu achten. Unterbinden Sie konsequent alle Versuche des Welpen, die Richtung zu bestimmen! Vor allem darf er niemals ziehen. Sie selbst dürfen das tun, wenn er zurückbleibt, allerdings wird er sich aus Reflex dagegenstemmen. Insofern ist es wenig hilfreich. Sie können für die Leinenführigkeitsübungen ein Startsignal wie »Leine!« einführen, das Sie am Ende beispielsweise mit »Lauf!« auflösen. Und Sie können Ihrem Azubi zwischendurch auch ruhig mal eine Pause gönnen und ihn angeleint an irgendwas schnüffeln lassen. Wichtig ist, dass er nie mit straffer Leine schnüffelt, damit er dies nicht mit dem Angenehmen verknüpft. Besser ist es, für diese Pausen von der Halsung auf das Brustgeschirr zu wechseln.

Jagdliche Früherziehung

Wenn der Welpe im Alter von acht oder zehn Wochen in Ihre Obhut kommt, sollte er schon viele wichtige Erfahrungen gemacht haben: mit der Mutter, den Wurfgeschwistern und anderen Hunden, mit Züchterin oder Züchter und deren Familie, mit allen möglichen Umwelteindrücken in Wald und Feld (wie raschelndem Laub, Suhlen, Malbäumen, Lagerplätzen, Flüssen und Teichen, Ernterückständen und so weiter). Ein Jagdhundwelpe sollte auch schon mit Fährten und Spuren, Schwarten, Läufen und Lunten, Flugwild, verendeten Wildtieren und anderen jagdlichen Reizen in Kontakt gekommen sein.

Diese Früherziehung sollten Sie jetzt kontinuierlich fortsetzen. Zeigen Sie Ihrem angehenden Jagdgefährten die (Jagd-)Welt, und zwar ohne jeden Druck und rein spielerisch. Diese frühe Förderung ist wichtig. Unternehmen Sie möglichst viel gemeinsam und überlassen Sie es ruhig dem Zufall, was sich unterwegs am Ackerrand und im Revier so finden wird. Alles ist spannend. Lassen Sie ihn unter einer Kanzel sitzen oder abliegen (je nach Erziehungsstand) und steigen Sie die Leiter hoch, erst nur ein paar Sprossen, dann die ganze Leiter. Schließlich verbergen Sie sich in der Kanzel, erst

© Jörg Marr

Mit der jagdlichen Früherziehung kann man schon früh beginnen.

nur ein paar Sekunden, dann Minuten und so weiter. Sie können ihn auch schon an Sicherheitsausrüstung gewöhnen, wie etwa an Warnhalsungen oder Westen. Aber bitte: Das alles sollte angenehm für den Welpen sein, zwingen Sie ihn erst mal zu nichts. Und seien Sie immer besonders aufmerksam und vorausschauend, vermeiden Sie jede Gefahr und sorgen Sie dafür, dass ihm nichts Angst macht (siehe dazu das folgende Kapitel).

© Werner Nagel

Sie können auch auf den Parkplatz des nächsten Schießplatzes fahren und beobachten, wie der Welpe auf Schüsse reagiert. Früher war das Standard im Rahmen der Früherziehung. Allerdings ist hier die Gefahr, dass sich aus einer anfänglich ängstlichen Unsicherheit eine handfeste Schussscheue entwickelt, extrem groß. Fahren Sie auf keinen Fall hin, wenn dort gerade auf allen Ständen gleichzeitig geschossen wird, gehen Sie nicht zu nahe heran und belassen Sie es bei wenigen Minuten und Schüssen. Viele Trainerinnen und Trainer raten auch ganz davon ab, denn wenn Sie hier Fehler machen, werden die sich nur schwer korrigieren lassen. Sicherer ist es, die ersten Tests der Schussfestigkeit mit Knallerbsen, Krachern und Einzelschüssen in größerer Entfernung zu machen.

Reizangel © Ilka Dorn

Wichtiger ist in diesen ersten Wochen die weitere Gewöhnung an Wild. Geben Sie dem Welpen regelmäßig Schwarten, Decken, Läufe, Lunten, Flügel etc. zum Beknabbern und Spielen. Aber lassen Sie diese nicht einfach so herumliegen, sondern geben Sie sie dem Welpen, spielen Sie mit ihm gemeinsam und nehmen Sie ihm diese anschließend wieder weg. Zum Spielen eignet sich auch gut eine Reizangel, an deren Ende Sie ein Stück Decke oder Schwarte befestigen. Nehmen Sie dazu nichts, was den Welpen verletzen könnte (wie etwa Läufe mit Schalen), und lassen Sie ihn nicht zu eifrig Haken schlagen oder springen (zum Schutz seiner Gelenke). Lassen Sie ihn auch an erlegtem Wild schnüffeln und nehmen Sie Ihren Hund mit in die Wildkammer, während Sie ein Stück zerwirken. Kurzum: Lassen Sie ihn an Ihrem jagdlichen Alltag teilhaben, ohne ihn zu überfordern.

Für angehende Sauenjäger empfiehlt sich unbedingt ein Besuch des Schwarzwildgatters. Sprechen Sie mit den Gattermeistern, wann es gut passen würde, denn die wissen genau, wie man einen Welpen an das wehrhafte Wild heranführt. In den meisten Gattern werden spezielle Welpentage angeboten. Auf dem Programm stehen dann Übungen an der Reizangel, die Begegnung mit der »Pendelsau« und das Stöbern auf Fährten und Suhlen, gekrönt vom Erstkontakt mit lebenden Sauen – aber sicher getrennt durch einen Zaun. Nach zwei oder drei Stunden im Gatter haben Sie viel über Ihren künftigen Gefährten gelernt und wissen, woran Sie weiterarbeiten müssen. Ihr Hund dürfte glücklich sein – und erst mal sehr müde.

Aggression oder Angst?

Als Tiere, die relativ weit oben in der Nahrungskette stehen, lernen Hunde schnell, durch Angriff eine Gefahr abzuwenden. Für einen Welpen unter Ihrem Schutz sollte das natürlich in aller Regel nur eine scheinbare Gefahr sein, aber das mindert ja nicht seine tatsächliche Angst, etwa vor einem anderen Hund, dem Rasenmäher oder einem umherfliegenden Müllsack. Oder vor Wild, Schüssen oder Jagdhornklängen. Die Angst kann sich durch Kleinmachen, eingekniffene Rute und Unterwerfungsgesten zeigen, aber auch durch scheinbar aggressives Bellen und Zerren an der Leine. Überhaupt liegen Aggression und Angst nahe beieinander: Aggressives Bellen ist oft nur ein Ausdruck von Angst.

Hunde zeigen ein höchst differenziertes Ausdrucksverhalten, dessen Deutung große Erfahrung voraussetzt.

Angst- und Angriffsbellen (auch defensive und offensive Aggression genannt) lassen sich aber optisch gut unterscheiden:

- Beim Angstbellen ist der Körperschwerpunkt nach hinten verlagert und die Lefzen sind nach hinten gezogen; das sieht eher aus wie Grinsen, bei dem alle Zähne sichtbar sind.
- Beim Angriffsbellen ist der Körperschwerpunkt nach vorn verlagert und die Lefzen sind nach vorn gezogen, die Reißzähne sind frei sichtbar; das ist aggressiv und sieht auch so aus.

Übrigens: Ein Knurren beim Hund wird häufig als Aggression gedeutet, ist es aber nicht. Es ist ein typisch hündisches Signal und bedeutet so viel wie: »Ich will nicht beißen, aber Du bist mir zu nahe. Halte Abstand!« Andere Hunde verstehen das in der Regel. Menschen manchmal nicht.

Literaturtipp:
Dorit Urd Feddersen-Petersen: Ausdrucksverhalten beim Hund, ***Stuttgart 2008.***
Das Standardwerk zu Mimik und Körpersprache bei Hunden.

Es ist ungeheuer wichtig, frühzeitig zu verhindern, dass Ihr Hund unbegründete Ängste entwickelt und sich entsprechend ungewollte Verhaltensweisen angewöhnt. Wenn Sie im Falle des Falles nur laut und wütend (und ziemlich sicher erfolglos) Kommandos wie »Still!« oder »Aus!« rufen, wirkt das für den Hund wie Bellen und bestärkt ihn nur darin, seinerseits weiterzubellen. Auf diesem Weg setzen Sie also nur einen Teufelskreis in Gang.

Stattdessen sollten Sie versuchen, Ihrem Gefährten die Angst zu nehmen. Wenn Sie in eine Situation geraten, die ihm Angst macht, zeigen Sie ihm mit allen Mitteln, dass seine Angst unbegründet ist und Sie alles souverän im Griff haben. Bleiben Sie ruhig und tun so, als ob nichts Besonderes sei. Aber schätzen Sie die Situation richtig ein. Vielleicht hilft es dem Hund, wenn er sich die scheinbare Gefahr aus der Nähe anschauen kann (Rasenmäher, Müllsack, Jagdhorn). Dann lassen Sie es zu, dass er sich in seinem Tempo nähert. Oft dürfte es aber besser sein, den Welpen sicher aus der Situation zu führen oder auch zu tragen und sich beruhigen zu lassen (andere Hunde, Schüsse, Sauen). Bei wiederkehrenden »Gefahren«, etwa dem Schäferhund des Nachbarn, halten Sie beim nächsten Mal mehr Abstand und versuchen Sie Ihren Welpen nach und nach daran zu gewöhnen. Aber niemals mit Druck und Zwang!

Theoretisch können Sie in einer Angstsituation auch eine Gegenkonditionierung versuchen: Wenn Ihr Hund die unerwünschte Reaktion zeigt, lenken Sie ihn ab, geben Sie ihm ein Leckerli, streicheln ihn oder beginnen ein tolles Spiel. Aber Achtung! Sie dürfen Ihren Hund nicht in seiner Angstreaktion bestärken! Wenn Sie seine Angst oder sein Bellen belohnen, wird er das verknüpfen und als Bestätigung seines Verhaltens deuten. Dann erreichen Sie das genaue Gegenteil von dem, was Sie beabsichtigt haben. Loben und belohnen Sie also erst dann, wenn der Hund die Angstreaktion ganz sicher beendet hat. Aber wahrscheinlich wird er das dann gar nicht mehr mit der Situation in Verbindung bringen.

Tipp:
Aggression und Angst liegen meist schlechte Erfahrungen zugrunde.
Nehmen Sie das nicht auf die leichte Schulter, auch nicht bei kleinen Rassen, sondern sprechen Sie das in einer Hundeschule oder Tierarztpraxis an.

Anspringen abgewöhnen

Wenn Hunde andere Hunde oder Menschen anspringen, ist das meist kein Zeichen von Aggression. Es bedeutet entweder Freude (Begrüßung, Lefzenlecken), ist spielerisches Kräftemessen oder auch eine Übersprungshandlung aus Unsicherheit. Und mit zunehmendem Alter ist es ein Zeichen von schlechter Erziehung.
Sie Ihren Hund niemals Menschen anspringen oder anbellen und verhindern Sie schon im Welpenalter, dass er sich aufrecht an Menschen stellt. Erklären Sie das bitte auch allen Menschen, die das »sooo süß!« finden.
Zum Abgewöhnen hilft es bei Welpen meist schon, das Anspringen zu ignorieren und sich abzuwenden. Bei jungen und ausgewachsenen Hunden reicht das nicht. Dann sollten Sie (beziehungsweise der Angesprungene):

1. verbieten (mit »Nein!« beziehungsweise »Aus!«),
2. sich bei Begegnungen mit anderen auf die Leine stellen, sodass der Hund nicht springen kann,
3. dem Hund keinen Raum geben, das heißt auf den zum Sprung ansetzenden Hund zugehen, dazu ein Handsignal für Stopp zeigen und so den Sprung abblocken,
4. den gesprungenen Hund an seinen Vorderläufen festhalten und rückwärts mit ihm »Schubkarre fahren« – das mögen viele Hunde nicht.

In aller Regel gewöhnt sich ein Hund das Anspringen dann schnell ab.

©alexei_tm/stock.adobe.com

Was würde Ihr Hund wohl in den Napf tun, wenn er selbst entscheiden könnte?

ER IST, WAS ER FRISST – DIE ERNÄHRUNG

Zu kaum einem Aspekt der Hundehaltung gibt es so viele verschiedene Meinungen wie zur Ernährung. Manche schwören auf Dosenfutter vom Discounter, andere füttern nur kalt gepresstes Premium-Trockenfutter, wieder andere BARFen (BARF = »Biologisch artgerechte Rohfütterung«). Es gibt unzählige Möglichkeiten und Kombinationen.

Wie auch immer Sie Ihren Hund ernähren möchten, wichtig ist, dass im Futter alle Nährstoffgruppen – also Proteine, Fette, Mineralstoffe, Vitamine und Kohlenhydrate/Ballaststoffe – in richtiger Menge und Zusammensetzung enthalten sind. Was richtig ist, müssen Sie allerdings erst einmal herausfinden. Es hängt ab von der jeweiligen Hunderasse, dem Alter, der körperlichen Konstitution, dem Aktivitätsniveau und möglichen Unverträglichkeiten oder Allergien.

Wenn Sie Veganer sind, müssen Sie jetzt tapfer sein: Hunde sind Allesfresser mit einem Schwerpunkt auf tierischer Kost. Rund 70 bis 80 Prozent der Nahrung sollten tierischen Ursprungs sein, der Rest aus pflanzlichen Bestandteilen sowie Mineralien und Spurenelementen bestehen. Das ist ihr kanides Erbe: Wölfe sind Raubtiere, die ihre Beute jagen. Sie äsen nicht und naschen weder Hackfrüchte noch Beeren. Aber sie nehmen durchaus pflanzliche Nahrungsbestandteile auf, nämlich über die Pansen ihrer Beutetiere, also in vorverdauter Form.

Ohnehin sollte man den Vergleich mit den wölfischen Urahnen nicht überstrapazieren, denn im Laufe der vieltausendjährigen Koevolution haben sich auch die Hundemägen und -därme weiterentwickelt und zwar entlang der menschlichen Lebensmittelabfälle, von denen die Haus-, Hof- und Jagdhunde über die meiste Zeit und teilweise bis in die Gegenwart hinein ernährt wurden und werden. Deswegen ist es auch nicht grundsätzlich problematisch, wenn Getreide wie Mais und Reis oder Gemüse wie Kartoffeln und Pastinaken im Futter sind.

Abgesehen vom seltenen Fall einer echten Glutenunverträglichkeit gibt es keine zwingende Notwendigkeit, Ihren Hund getreidefrei zu ernähren. Wichtig ist nur, wie bei allen Pflanzenzellen im Futter, dass Getreide gegebenenfalls aufgeschlossen ist, also fein gehäckselt oder gekocht. Wenn nicht, macht es Ihren Hund zwar satt, aber liefert keine oder nur wenig Nährstoffe, es sei denn, diese wurden dem Futter künstlich zugesetzt, um die erforderlichen Mengen zu erreichen.
Dass Sie Ihrem Hund sein Futter immer nur abgemessen und kontrolliert geben dürfen, also nicht einfach einen gefüllten Napf herumstehen lassen, ist bereits gesagt und erläutert worden. Aber stellen Sie unbedingt ständig einen Napf mit frischem Wasser bereit, an den der Hund jederzeit herankommt.

Alleinfuttermittel

Wenn Sie sich damit nicht eingehend befassen möchten, geben Sie Ihrem Hund ein geeignetes Fertigfutter. Sogenannte »Alleinfuttermittel« beinhalten alle notwendigen Nährstoffe. In Deutschland ist diese Bezeichnung streng geregelt und einigermaßen verlässlich. Alleinfuttermittel gibt es als Trocken- und Feuchtfutter (in Dosen, Tetrapacks oder Vakuumverpackungen), außerdem bieten immer mehr Hersteller und Handelsketten tiefgekühlte Fertigmenüs an. Mit Tierfutter lässt sich viel Geld verdienen, dementsprechend groß und schier unüberschaubar ist das Angebot. Sie können Ihren Hund mit wenigen Cent pro Tag ernähren, aber auch viele Euro dafür ausgeben.
Es gibt spezielle Futtersorten für Welpen und Senioren, für kleine, mittlere und große Hunde, für besondere Bedürfnisse einzelner Rassen, auch für laktierende Hündinnen, allergische Hunde und so weiter. Und längst natürlich auch Futter, das besonders auf die Bedürfnisse von Jagdhunden abgestimmt ist. Ob das immer wirklich sinnvoll und notwendig ist, sei hier dahingestellt. Probieren Sie es aus.

Bei der Auswahl sollten Sie bedenken, dass für Mensch und Tier sehr unterschiedliche Regeln gelten. Die wichtigste ist: Tierfutter ist kein Lebensmittel. Als solche gelten nämlich nur Stoffe oder Erzeugnisse, die dazu bestimmt sind, von Menschen aufgenommen werden. Dazu gehören Speisen und Getränke aller Art (und explizit auch Kaugummi!), nicht aber Tierfutter. Sämtliche Stoffe oder Erzeugnisse sowie Zusatzstoffe, die zur oralen Tierfütterung bestimmt sind, werden unter dem Begriff »Futtermittel« zusammengefasst, auch das Futter für Heimtiere wie Hunde und Katzen.

Das ist nicht nur eine Frage der begrifflichen Definitionen, sondern hat weitreichende Folgen. Denn Futtermittel unterliegen folgerichtig nicht dem vergleichsweise strengen Lebensmittelrecht. An ihre Sicherheit werden deutlich geringere Anforderungen gestellt. Futtermittel dürfen zwar nicht direkt die Gesundheit von Mensch oder Tier beeinträchtigen und sie dürfen nicht bewirken, dass die damit gefütterten Nutztiere unsicher für den Verzehr sind. Aber das ist es auch schon. Bei der Futtermittelsicherheit geht es um die Qualität der gefütterten Nutztiere für die Weiterverarbeitung zu Lebensmitteln. Mit anderen Worten: Es geht nicht um Tierwohl, sondern um Verbraucherschutz. Da Hunde und andere Heimtiere in Europa in der Regel nicht von Menschen verzehrt werden, ist eigentlich alles erlaubt, was Mensch und Tier nicht unmittelbar vergiftet oder infiziert.

Dementsprechend gibt es erhebliche qualitative Unterschiede hinsichtlich der Zutaten und Herstellungsweise. In einem Futter finden sich frisches Fleisch in Lebensmittelqualität und hochwertige pflanzliche Inhaltsstoffe, in einem anderen Schlachtabfälle aus der Massentierhaltung, große Mengen an nichtaufgeschlossenem Mais oder Reis und alle möglichen und unmöglichen Farb-, Zusatz- und Konservierungsstoffe. Schauen Sie genau hin! Aber nicht auf die bunten Bilder der Verpackungen, denen zufolge ist jedes Futter das beste und einzig wahre.

Inhaltsstoffe und Deklaration

Der Preis ist zwar ein erster Indikator, aber kein Garant für Qualität. Es gibt auch teure Hundefutter aus der Chemieküche, und manches Billigfutter schneidet bei Tests erstaunlich gut ab. Etwas mehr Aufschluss gibt da die Deklaration auf der Verpackung. Bei der Zusammensetzung müssen alle verwendeten Inhaltsstoffe deklariert werden, und zwar in absteigender Reihenfolge ihrer Gewichtsanteile. An erster Stelle muss immer die Zutat genannt sein, von der am meisten im Futter steckt. Allerdings sind in der EU weder genaue Prozentangaben vorgeschrieben noch eindeutige Bezeichnungen der Inhaltsstoffe. Es steht den Herstellern vielmehr frei, die einzelnen Inhaltsstoffe mit Gewichtsanteilen aufzulisten (offene Deklaration) oder nur in den gesetzlich definierten Kategorien zusammenzufassen (geschlossene Deklaration). Gute Futtersorten weisen aber in der Regel eine offene und vollständige Deklaration aller Inhaltsstoffe mit genauen Mengenangaben (in Prozent) aus.
Seien Sie also skeptisch, wenn in der Deklaration der Inhaltsstoffe Ihres Futters Getreide oder »tierische Nebenerzeugnisse« an erster Stelle stehen. Lassen Sie sich auch nicht irreführen, wenn beispielsweise der Inhaltsstoff »Mais« in der Deklaration getrennt wird in »Mais« und »Maismehl« – schon werden aus 50 Prozent Mais zweimal 25 Prozent, die somit an die zweite und dritte Position hinter das Fleisch rücken, obwohl Mais der Hauptbestandteil dieses Futters ist.

Trockenfutter oder Nassfutter?

Beim Trockenfutter unterscheidet man extrudierte und kalt gepresste Futter. Beide Herstellungsweisen haben Vor- und Nachteile. Extrudierte Futter werden im Herstellungsprozess der Kroketten hoch erhitzt und gepresst, was – je nach konkretem Verfahren – viele Nährstoffe und Vitamine zerstören kann (aber nicht zwingend muss: es gibt auch schonende Herstellungsverfahren). Kalt gepresste Futter werden zwar im Herstellungsprozess nicht hoch erhitzt, aber um haltbar zu sein werden zumindest Teile der Inhaltsstoffe vor der Pressung erhitzt. Futter, das tatsächlich zu keinem Zeitpunkt erhitzt worden wäre, hätte nur eine sehr geringe Haltbarkeit.

Besonders extrudiertes Trockenfutter quillt im Hundebauch um das zwei- bis dreifache Volumen auf und wird von manchen Hunden nicht gern aufgenommen oder auch schlecht vertragen. Andere lieben es. Manche Halter weichen das Futter deswegen ein, allerdings wird es dann zu einer zementartigen Pampe und liegt auch so im Hundebauch. Alle Trockenfutter sind gut zu dosieren, vergleichsweise günstig und machen wenig Müll. Außerdem tragen Sie durch den Schmirgeleffekt zur Zahnreinigung bei, im Idealfall auch zur Zahnsteinprophylaxe. Das hängt aber stark davon ab, ob und wie Ihr Vierbeiner kaut.

Auch beim Nassfutter gibt es unzählige Sorten – und eine klingt leckerer als die andere. Man möchte die glatt selbst probieren ... Im Vergleich zu Trockenfutter ist Nassfutter aber deutlich teurer und es gibt keine eindeutigen wissenschaftlichen Nachweise dafür, dass es für Ihren Hund gesünder wäre als Trockenfutter, abgesehen davon, dass es nicht im Bauch quillt, meist leichter verdaulich ist und von Hunden sehr gern aufgenommen wird.

BARF

Die Fütterung mit Rohfleisch wird immer beliebter. Allerdings ist sie recht kostenintensiv und verlangt nach sorgfältiger Berechnung und Zubereitung, bereitet Ihnen also vergleichsweise hohe Kosten und viel Arbeit. Und beim BARFen besteht immer die Gefahr einer Unter- oder Überversorgung mit einzelnen Nährstoffen, insbesondere mit Mineralien und Spurenelementen. Im Internet finden sich BARF-Rechner, die Ihnen helfen können, geeignete Zutaten und richtige Mengenverhältnisse zu ermitteln. Viele Hersteller und Handelsketten bieten auch BARF-Fertigmenüs an, meist portioniert und tiefgekühlt.

Das ist sicher keine schlechte Form der Ernährung. Doch seien Sie vorsichtig: Rohfleisch kann mit Keimen und Bakterien belastet sein, zumal die Hygienestandards in der Tierfutterherstellung – siehe oben – deutlich niedriger sind als in der Lebensmittelproduktion. Im Hundemagen werden die meisten Keime abgetötet, aber wenn Sie mit Rohfleisch in Ihrer Küche hantieren und sich der Herkunft nicht hundertprozentig sicher sind, achten Sie bitte peinlich genau auf Hygiene. Erste wissenschaftliche Studien haben sogar multiresistente Keime in einigen BARF-Menüs nachgewiesen.

Beifütterung und Leckerlis

Wie auch immer Sie Ihren Hund ernähren, geben Sie ihm ruhig immer auch andere Bestandteile als Beifütterung: rohes oder gekochtes Fleisch vom Lamm, Pferd, Kaninchen, Geflügel oder Rind, auch Pansen, Schlund, Haut, Knochenmehl und Knorpel. Füttern Sie niemals rohes Schweinefleisch, denn das könnte die für Hunde tödlichen Viren der Aujeszkyschen Krankheit enthalten. Auch mit rohem Geflügelfleisch sollten Sie sehr vorsichtig sein, denn das enthält oft die für Mensch und Tier gefährlichen Salmonellen.
Außerdem fressen Hunde gekochte Möhren, Kartoffeln und Süßkartoffeln, klein geschreddertes

Kauen macht den Hund glücklich.

Gemüse und was sonst so beim Kochen anfällt, auch hochwertige Pflanzenöle und gelegentlich gekochte Eier. Sie vertragen fermentierte Gemüse wie Sauerkraut, schleimbildende Samen wie Leinsaat oder Flohsamenschalen und gesäuerte Milchprodukte wie Joghurt oder Dickmilch sowie Hüttenkäse oder Quark. So etwas können Sie vor allem bei Magen-Darm-Problemen füttern (darauf wird noch zurückzukommen sein). Geben Sie Ihrem Hund gelegentlich rohe Knorpel oder Knochen zum Knabbern, aber niemals Röhren- oder Geflügelknochen, die splittern könnten, und geben Sie Kau-Lebensmittel immer separat, also nicht mit dem Futter. Geben Sie Knochen niemals gegart, auch nicht den Kotelett-Knochen vom Grill! Sonst ist die Gefahr groß, dass sich beim Kauen größere Teile vom Knochen ablösen und in Schlund, Magen oder Darm querstellen.

Der Markt für Leckerlis zum Training und als Belohnung zwischendurch ist unüberschaubar geworden. Auch hier ist aber der Blick auf die Deklaration wichtig: Manch eine vermeintliche Leckerei besteht ausschließlich aus minderwertigen Inhaltsstoffen und Aromen. Ansonsten können Sie natürlich alles nehmen, was Ihr Hund gerne frisst.

Hunde sollten niemals fressen: Schokolade, Weintrauben, Avocado, Zwiebeln, Knoblauch (in größeren Mengen), frische Walnüsse und rohes Schweinefleisch. Manches davon ist für sie regelrecht giftig, zum Teil schon in geringen Mengen, anderes wird »nur« schlecht vertragen und sorgt für Durchfall oder Erbrechen. Mit Blut vom Schalenwild (»Schweiß«) sollten Sie vorsichtig sein, viele Hunde bekommen davon Durchfall. In BARF-Menüs sorgt Schweiß allerdings für Salze und Mineralien.

Ebenso ist bei sogenannten Nahrungsergänzungsmitteln Vorsicht geboten. Hunde können überschüssige Vitamine nicht wie Menschen einfach ausschwemmen; Vitamin C beispielsweise produzieren sie selbst. Gute Alleinfuttermittel beinhalten alle notwendigen Nährstoffe, viele Ergänzungsmittel sind überflüssige Geldschneiderei. Spezielle Ergänzungsmittel wie zum Beispiel Grünlippmuschel (bei Gelenkproblemen) oder durchblutungsfördernde Mittel (für Hundesenioren) sind in aller Regel nicht für Welpen und junge Hunde gedacht. Geben Sie die nicht einfach nur »auf Verdacht«, sondern besprechen Sie solche Themen mit Ihrer Tierärztin oder Ihrem Tierarzt.

Knochen sollten immer nur roh gegeben werden.

Die richtige Menge

Wenn Sie ein Fertigfutter geben, schauen Sie sich als Richtwert für die Tagesration zuerst die Fütterungsempfehlung des Futterherstellers an. Die ist immer auf das Gewicht des Hundes bezogen und hängt auch von den Inhaltsstoffen und dem Feuchtegrad ab. Bitte nehmen Sie diese nicht als »harte« Vorgabe: In aller Regel werden Sie sie für Ihren Vierbeiner nach oben oder unten anpassen müssen. Ganz grob lässt sich sagen: Ein ausgewachsener und aktiver Hund benötigt pro Kilogramm Körpergewicht und Tag um die 40 bis 50 Gramm Feuchtfutter oder 15 bis 20 Gramm Trockenfutter.

Zur täglichen Futtermenge zählen auch die über den Tag gegebenen Leckerlis!

Aber das sei hier nur gesagt, damit Sie eine grobe Vorstellung von der Menge haben.
Davon müssen Sie unbedingt Leckerlis, Belohnungshappen und Beifutter abziehen. Manche Trainerinnen und Trainer setzen auch darauf, alles Futter im Laufe des täglichen Trainings zu geben, also nie aus dem Napf. Wenn Sie sich für diesen Weg entscheiden, müssen Sie die Menge natürlich ebenso berechnen und dann gut aufteilen.
Um die tatsächlich richtige Menge für Ihren Hund zu ermitteln, auch gemessen an Gewicht, Wachstumsphase und Aktivitätsniveau, behalten Sie ihn einfach gut im Blick: Wenn er steht, sollen die Rippen bei leichtestem Druck spürbar und die Taille gut sichtbar sein. Besonders ein Welpe darf sehr schlank sein, aber nicht unterernährt. Welpen bekommen ihre Tagesration zuerst noch aufgeteilt auf mehrere Portionen pro Tag. Ihrem ausgewachsenen Hund können Sie dann eine oder zwei Mahlzeiten am Tag geben.

Übrigens: Die Größe des ausgewachsenen Hundes ist zwar weitestgehend genetisch codiert, aber seine Wachstumsgeschwindigkeit wird vom Futter bestimmt. Zu schnelles oder zu langsames Wachstum sowie Über- oder Untergewicht können später zu Knochen- und Gelenkproblemen führen.

Der Hundemagen ist fürs Schlingen ausgelegt. Große Mengen in kürzester Zeit sind völlig okay. Und Ihr Liebling verdaut Dinge, die Ihnen den Magen verderben würden. Leider mag er auch manches am Wegesrand, das Sie nicht für appetitlich halten (wie Kot oder tote Tiere). Versuchen Sie ruhig, den Verzehr mit Verboten zu unterbinden, vielleicht gelingt es ihnen sogar.

LÄSTIGE MITBEWOHNER: PARASITEN

An und in Hunden fühlen sich eine ganze Reihe von Parasiten wohl: Flöhe, Zecken oder Würmer beispielsweise. Ein Befall lässt sich selbst bei Stadt- und Wohnungshunden nicht vermeiden, weil die Natur vielfältige Übertragungswege gefunden hat. Das ist in aller Regel nicht dramatisch, und Sie können dagegen Vorsorge treffen.

Gifte

Gegen die gängigen Wurmarten helfen nur regelmäßige Wurmkuren, meist in Pillenform. Zu Wirkstoff und Turnus lassen Sie sich bitte von Ihrem Tierarzt beraten. In der Regel sollte eine quartalsweise Entwurmung ausreichen. Wenn Sie mehrere Tiere haben, entwurmen Sie alle gleichzeitig. Wurmkuren wirken leider nicht präventiv: Schon am nächsten Tag kann Ihr Hund irgendwo neue Wurmeier aufnehmen. Machen Sie trotzdem regelmäßig die Wurmkuren. Wenn Sie warten, bis Sie die Finnen der Würmer in Kot oder Erbrochenen finden, kann Ihr Hund schon unheilbar erkrankt sein.

Gegen Zecken und Flöhe gibt es sehr unterschiedliche Mittel: Pillen oder Tropfen zur Einnahme, Spot-on-Präparate zum Auftragen auf die Haut, Sprays oder Halsbänder. Dabei wirken jeweils Gifte oder alternative Wirkstoffe. Sie können auch versuchen, die Viecher täglich abzusammeln, aber das wird Ihnen höchstwahrscheinlich nicht gelingen.
Die äußerst wirksamen Gifte sind leider oft Insektizide, teilweise solche, die in der Landwirtschaft schon lange nicht mehr zugelassen sind. Sie wirken entweder repellent, das heißt abstoßend oder vergrämend (und toxisch, falls doch gebissen oder

Zecken lassen sich mit geeignetem Werkzeug leicht entfernen.

gestochen wird), oder akarizid, das heißt toxisch und abtötend. Mit anderen Worten: Die einen verhindern, dass Parasiten beißen beziehungsweise stechen, die anderen wirken nach Biss oder Stich tödlich. Die Wirksamkeit schwankt zwar nach Jahreszeit, Hund und dessen Nahrung, Parasitenart und Intensität des Befalls, aber in aller Regel werden Sie Ihren Jagdgefährten mit diesen Giften sehr gut schützen können. Die Tabelle gibt eine Übersicht über die gängigen Wirkstoffe und Präparate.

Tabelle: Die gängigen Wirkstoffe und Präparate gegen Parasiten

Wirkstoffe	Pharmakologische Zuordnung	Wirkweise	Produktbeispiele	Hinweise
Permethrin	**synthetisches Pyrethroid**	**repellent**	**Spot-on, Produktname Exspot®**	**Achtung: Permethrin ist für Katzen hochgiftig! Wenn der Hund Kontakt zu Katzen haben kann, ist es nicht anzuwenden.**
Fipronil	**Gruppe der Phenylpyrazole**	**akarizid**	**Spot-on, Produktname Frontline®**	
Kombination aus Permethrin und Fipronil	**siehe oben**	**repellent und akarizid**	**Spot-on, Produktname Frontline Tri-Act®**	**Wirkt auch gegen Mücken, bedeutet aber doppelte Gift-Belastung!**
Fluralaner	**Gruppe der Isoxazoline**	**akarizid**	**Spot-on, Produktname Bravecto®**	
Imidacloprid	**Gruppe der Neonikotinoide**	**akarizid**	**Spot-on, Produktname Advantix®, Halsband, Produktname Seresto®**	
Flumethrin	**Gruppe der synthetischen Pyrethroide**	**repellent**	**Halsband, Produktname Kiltix®**	
Deltamethrin	**Gruppe der synthetischen Pyrethroide**	**repellent**	**Halsband, Produktname Scalibor®**	
Pyrethrum	**natürlicher, aus Chrysanthemen gewonnener Wirkstoff**	**repellent**	**Spot-on, Produktname Ardap**	**In frei verkäuflichen Präparaten in sehr geringen Konzentrationen enthalten.**

Alternativen

Wissenschaftlich werden die Gifte als unbedenklich für den Hund beschrieben. Trotzdem schrecken viele davor zurück, solche Mittel anzuwenden. Als Alternativen werden beispielsweise ätherische Öle (unter anderem Teebaum, Neem, Schwarzkümmel, Kokos), Pflanzenextrakte, Hefen oder auch Bernsteinhalsbänder angepriesen. Die Werbung verspricht da wahre Wunder. Aber beide Autoren

Entspannen nach dem Reviergang: Bei guter Vorsorge kein Problem

dieses Buches stimmen aus jahrzehntelanger Erfahrung und nach diversen Versuchen mit fast allem, was der Markt so hergibt, darin überein, dass hier eine einfache Faustregel gilt, die da lautet: Wenn wirklich Parasiten da sind, helfen die alternativen Mittelchen leider nicht.

Sollten Sie es dennoch damit versuchen wollen, bedenken Sie bitte, dass auch solche scheinbar harmlosen Wirkstoffe schädlich sein können. Schwarzkümmelöl beispielsweise schädigt bei dauerhafter oder zu intensiver Anwendung die Leber. Für Mensch und Hund riechen viele Öle eher unangenehm, und manche muss man auch noch täglich auffrischen. Machen Sie sich bewusst, dass viele durch Parasiten übertragene Krankheiten wirklich lebensgefährlich sind und wägen Sie abschließend ab: Rechtfertigt nicht der große Nutzen der Gifte in diesem Fall ihre Anwendung?
Wie auch immer, Sie müssen sich entscheiden beziehungsweise ausprobieren, was Ihrem Hund hilft. Zusätzlich sollten Sie Ihren Hund täglich auf Zecken kontrollieren. Diese übertragen extrem gefährliche Krankheiten, allen voran die Borreliose. Nur rund 12 bis 24 Stunden nach dem Stich (nicht Biss!) geben sie die Bakterien in den Wirt ab; die Übertragung anderer Krankheiten wie etwa der FSME (einer Hirn- und Hirnhautentzündung) geht noch schneller. Sie sollten jede Zecke daher sofort mit einer geeigneten Zange oder Pinzette beziehungsweise einem Zeckenhaken entfernen. Gehen Sie dabei zügig vor und geben Sie kein Öl oder Ähnliches auf die Zecke, da die Zecke sonst ihren Mageninhalt mit sämtlichen Erregern darin in die Einstichstelle erbricht. Mit der Zeit werden Sie im Entfernen von Zecken eine echte Routine entwickeln.

Tipp:
Es gibt Anti-Zecken-Werkzeuge in Form von Schlüsselanhängern oder Scheckkarten. Die können Sie immer bei sich tragen und die Zecke gegebenenfalls sofort entfernen.

ERNSTE GESUNDHEITLICHE PROBLEME

Zum Abschluss dieses Kapitels finden Sie einige Hinweise zum Erkennen ernsthafter gesundheitlicher Probleme Ihres Hundes. Damit sind solche inneren Erkrankungen und Verletzungen gemeint, deren Symptome nach außen zunächst nicht unbedingt dramatisch erscheinen, die aber unmittelbaren Handlungsbedarf erzeugen. Es kann das Leben Ihres Gefährten retten, wenn Sie zum Beispiel eine Vergiftung von einer Gastritis unterscheiden können und die nötigen Erste-Hilfe-Maßnahmen kennen.

Selbstverständlich sollten Sie im Zweifel Ihre Tierarztpraxis aufsuchen, und zwar lieber einmal zu viel als zu wenig. Aber erfahrungsgemäß passiert es ja immer nachts oder am Wochenende … Und Sie machen sich keine Freunde, wenn Sie den tierärztlichen Notdienst wegen einer Gastritis bemühen, ganz abgesehen von den Kosten, die dann das Zwei- bis Vierfache der regulären Sätze betragen. Mit zwei Röntgenbildern kostet Sie so ein harmloses Zipperlein im Notdienst schnell mal 300 Euro oder mehr. Dabei hätten drei Tage Schonkost es auch getan.

Als frisch gebackene Hundeführerin oder Hundeführer sollten Sie unbedingt einen speziellen Erste-Hilfe-Kurs besuchen. Viele (Jagd-)Hundeschulen, Landesjagdverbände und Hegeringe bieten so etwas an. Dort werden Sie beispielsweise auch lernen, was Sie zu tun haben, wenn Ihr Hund von einer Sau geschlagen wurde und was in ein gut sortiertes Erste-Hilfe-Set für Hunde gehört. Außerdem gibt es nützliche Fachliteratur zu diesem Thema, mit der Sie sich beschäftigen sollten.

Literaturtipp:
Susanne Steiger: Erste Hilfe am Hund. *Für den Notfall gut gerüstet, Stuttgart 2021.*

Aber noch einmal und eindringlich: im Zweifel sofort in die nächste Tierarztpraxis! Kontaktdaten, Öffnungszeiten und Notdienste finden Sie in der Tagespresse und im Internet.

Übrigens: Mensch und Hund können zwar Wirte einiger gleicher Virentypen sein, etwa Influenza-, Rhino- oder auch Coronaviren. Aber in aller Regel überspringen die spezifischen Viren nicht die Artenbarriere, sodass Hund und Mensch einander nicht infizieren (oder lediglich sehr milde Symptome zeigen). Sie müssen Ihren Hund also nicht in die Tierpension bringen, wenn Sie sich erkältet haben.

Magen-Darm-Probleme

Bei Magen-Darm-Problemen geht es den Hunden wie den Menschen: Diese können viele Ursachen haben und ähnliche Symptome verursachen wie Übelkeit, Erbrechen, Blähungen und Durchfall. Hunde zeigen das manchmal durch leises Jammern oder Winseln an (aber nicht immer), die Bauchdecke kann aufgebläht sein, mitunter entweichen wenig wohlriechende Gase und manche Hunde sind unruhig, wechseln ständig den Platz oder hecheln. Wenn ein Hund gar nichts mehr aufnehmen will, also auch kein Wasser, können – besonders bei Welpen – auch an sich »harmlose« Magen-Darm-Probleme schnell zur Dehydrierung führen.

Diagnose und Therapie von Magen-Darm-Problemen sind schwierig. Oft werden Sie nur bemerken, dass es Ihrem Gefährten nicht gut geht, aber nicht wirklich herausfinden, woran genau er leidet. Die Symptome einer einfachen Gastritis können beispielsweise denen einer gefährlichen Vergiftung ähneln, und auch mit einer Mandelentzündung würgt und erbricht der Hund möglicherweise, genauso wie nach der Aufnahme eines Fremdkörpers. Auch Helicobacter pylori können bei Hunden im Spiel respektive Magen sein.

Insofern müssen Sie mit der Einschätzung »Das ist harmlos« sehr vorsichtig sein. Andererseits müssen Sie auch nicht wegen jedes Bauchwehs in die Tierarztpraxis fahren. Oft helfen Morosuppe (Möhren 90 Minuten kochen lassen, passieren und ein wenig salzen), Schonkost (Reis, Huhn, Hüttenkäse), schleimbildende Sämlinge (Flohsamenschalen, Leinsaat) und drei Tage Abwarten. Hunde sind nämlich ganz schön zäh. Kleinere Fremdkörper werden auch von Sauerkraut aus Magen und Darm eskortiert, ganz ohne Röntgen und OP.
Die Einschätzung der Situation und Abwägung sind immer schwierig. Im Zweifel: siehe das zuvor Gesagte.

Vergiftungen

Auch Vergiftungen, etwa durch Aufnahme von Rattengift oder ausgelegte Giftköder, können zunächst Magen-Darm-Probleme hervorrufen. Die typischen Symptome sind:

- Speicheln
- Erbrechen
- Durchfall
- Verfärbungen im Maul und an den Lefzen (viele Giftköder enthalten Farbstoffe, oft blaue)
- Kreislaufprobleme
- neurologische Ausfallerscheinungen (wie Apathie oder Gangstörungen)

Wenn Sie den Verdacht haben, Ihr Hund könnte Gift aufgenommen haben, suchen Sie sofort eine Tierarztpraxis auf. Dort wird ihm ein Mittel zum Erbrechen gegeben. Lassen Sie den Hund nicht saufen, denn das würde die Aufnahme des Giftes im Körper erleichtern. Sofern er noch gut ansprechbar ist und fressen will, geben Sie ihm aber ruhig etwas Futter, das hilft beim Erbrechen. Sollte noch etwas von dem mutmaßlich giftigen Stoff zu finden sein, nehmen Sie diesen mit zum Arzt. Das erleichtert die Diagnose und damit möglicherweise die Wahl der Therapie.

Magendrehung

Bei der Magendrehung dreht sich durch eine heftige oder auch nur eine falsche Bewegung, etwa beim Toben mit anderen Hunden, der Magen um seine Längsachse und wird so an beiden Enden wie eine Wurst »verschnürt«; außerdem werden versorgende Blutgefäße abgeklemmt. Verdauungsgase entstehen weiter, können aber nicht entweichen. Unbehandelt führt die Magendrehung immer zum Tod, und das binnen weniger Stunden. In schlimmen Fällen dreht sich auch die Milz mit, wodurch Ihre »Reaktionszeit« noch mal stark verkürzt wird.

Meist passiert das nach der Aufnahme von viel Nahrung oder Wasser oder stark quellendendem Trockenfutter. Auch kann Luft im Bauch nach gieriger Nahrungsaufnahme (Schlingen) die Ursache sein. Betroffen sind vor allem große Rassen und ausgewachsene Hunde, es kann aber grundsätzlich bei allen Hunden passieren. Bei Welpen kommt die Magendrehung selten vor, da der Brustkorb die Innereien noch fester umschließt.
Die Symptome treten in dieser oder ähnlicher Folge auf:

1. Unruhe: rastloses Herumlaufen, Hinlegen, sofort wieder Aufspringen (deutet auf Schmerzen hin)
2. Speichelfluss, Würgen
3. Vergebliche Versuche zu erbrechen
4. Aufblähen des Bauchraums: Gespannte, harte Bauchdecke, gekrümmter Rücken
5. Atemnot
6. Teilnahmslosigkeit: Hund ist nicht mehr ansprechbar, nicht aufmerksam
7. Blasse Schleimhäute, Kreislaufversagen

Bei Verdacht auf Magendrehung sollten Sie sofort in die nächste Tierklinik fahren. Es muss sehr schnell gehen! Am besten, Sie kündigen sich schon telefonisch an, damit eine Notoperation vorbereitet werden kann. Denn die ist das einzige

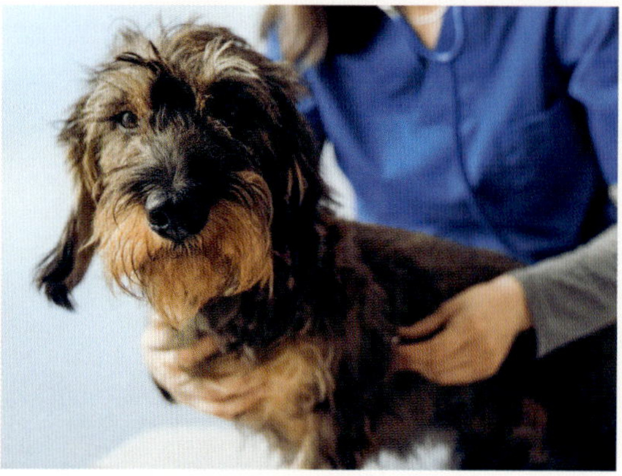

Im Zweifel lieber zur Tierärztin!

Mittel, Ihren Hund zu retten – wirklich das einzige! Versuchen Sie keine Hausmittel, es gibt in diesem Fall keine.
Sie können einer Magendrehung vorbeugen, indem Sie die Nahrung Ihres Hundes auf zwei Mahlzeiten am Tag aufteilen, kein stark quellendes Futter geben und ihm von klein auf angewöhnen, nach dem Fressen ein bis zwei Stunden zu ruhen.

Herz-Kreislauf-Probleme

Herz-Kreislauf-Probleme können viele Ursachen haben und treten beispielsweise bei Schock, Dehydrierung oder starkem Blutverlust auf. Im Ernstfall sind einzelne oder mehrere Vitalparameter verändert, was Sie optisch erkennen, ertasten oder messen können. Aber auch eine Überlastung, etwa durch Verausgabung bei der Drückjagd, kann Herz-Kreislauf-Probleme auslösen. Im besten Fall lösen die sich von allein beziehungsweise durch Beruhigen des Hundes, Wärmen mit einer Iso-Decke oder Jacke sowie der Gabe von Flüssigkeit und einer Zuckerlösung. Eine Notsituation erkennen Sie wie folgt:

- Optische Kontrolle und abtasten: Sind äußere Verletzungen erkennbar? Ist der Hund unruhig und/oder zittert er? Ziehen Sie ihm gegebenenfalls Schutzweste oder Geschirr aus.
- Ist der Hund ansprechbar (mit seinem Namen oder typischen Kommandos) oder apathisch?
- Zeigt er eine Pupillenreaktion bei Lichteinfall und Lidreflex bei Berührung?
- Wie ist seine Atemfrequenz? Hebt und senkt sich der Brustkorb regelmäßig? Normal sind 15 bis 40 Züge pro Minute, aber nach einer intensiven Verausgabung darf der Hund auch kurzzeitig schneller atmen (in der Regel wird er dann hecheln).
- Wie ist der Puls? Normal sind 80 bis 120 Schläge pro Minute, fühlbar an der Innenseite der Oberschenkel oder der linken Brust (vier bis fünf Zentimeter hinter dem Ellenbogen, zwischen den Rippen). Insbesondere bei Blutverlust wird der Puls schwach oder kaum mehr fühlbar.
- Wie ist die Temperatur? Normal sind 38 bis 39 Grad Celsius (ab 41 Grad Celsius ist das Fieber lebensbedrohlich!). Messen Sie das im After, ein schnelles Thermometer gehört in jedes Erste-Hilfe-Set.
- Ist die Hydrierung ausreichend? Ziehen Sie das Fell am Nacken zwischen den Fingern hoch und lassen los. Die Falte muss sofort verschwinden.
- Wie ist der Blutdruck? Bei normalem Druck sind die Schleimhäute rosa, glänzend und feucht. Drücken Sie mit dem Finger auf die Innenseite der Lefzen (hilfsweise aufs Zahnfleisch), die weiße Druckstelle sollte binnen zwei Sekunden verschwinden. Verlässlich ist dieser Test auch bei der Hündin an der Vulva und beim Rüden bei zurückgezogener Vorhaut.

Schädel-Hirn-Trauma

Ein Schädel-Hirn-Trauma, umgangssprachlich »Gehirnerschütterung« genannt, kann nach einem Sturz, Schlag oder Unfall vorkommen. Auch im jagdlichen Einsatz kann ein Vierläufer sich derart verletzen, denn im Eifer des Gefechts wird manch ein dicker Ast übersehen. Oft werden Sie den Hergang nicht beobachtet haben, weil Ihr Hund außer Sicht war, daher müssen Sie die unterschiedlichen Symptome eines Schädel-Hirn-Traumas kennen, die natürlich niemals alle zugleich auftreten:

- Bewusstlosigkeit
- Hund wirkt verwirrt oder verunsichert
- Störung des Gleichgewichts- und Orientierungssinns, Gangunsicherheit
- Pupillen unterschiedlich groß, reagieren nicht auf Lichteinfall
- Unkoordinierte Augenbewegungen
- Steife oder schlaffe Glieder
- Starkes Zittern
- Schnelle Atmung
- Nasen- oder Ohrenbluten
- Anfälle oder Krämpfe
- Erbrechen
- Antriebslosigkeit, Müdigkeit
- Verminderte Reaktion auf Ansprechen und Reize
- Sabbern, Appetitlosigkeit (deuten auf Übelkeit hin)
- Aggression (deutet auf Kopfschmerzen hin),
- Beule oder schmerzhafte Stelle am Schädel (gegebenenfalls kühlen!)

Manche dieser Symptome sind Folgen einer Schwellung des Gehirns und können mit Verzögerung auftreten oder sich langsam verschlimmern. Wenn Sie den Verdacht haben, Ihr Hund könnte eine Gehirnerschütterung erlitten haben, lassen Sie ihn nicht mehr aus den Augen, selbst wenn die Symptome nicht besonders stark ausgeprägt sind.

Wiederbelebung

Wenn der Hund nicht mehr atmet, ganz gleich aus welchem Grund, versuchen Sie eine Wiederbelebung durch Mund-zu-Nase-Beatmung: Überstrecken Sie zunächst den Kopf des Hundes, ziehen seine Zunge vor und kontrollieren Maul und Rachenraum auf Fremdkörper oder Erbrochenes. Dann schieben Sie die Zunge zurück und schließen das Maul. Geben Sie sechs bis zehn Atemstöße pro Minute in die Nase, bilden Sie gegebenenfalls einen Ring mit den Fingern als »Adapter«). Tun Sie das im Wechsel mit einer Herzdruckmassage: Dazu legen Sie den Hund auf die rechte Seite (Kopf und Zunge sind dann ja bereits kontrolliert und liegen wie bereits beschrieben) und komprimieren den linken Brustkorb circa einmal pro Sekunde mit der flachen Hand.

Beatmen Sie immer dreimal und komprimieren anschließend zehnmal. Tun Sie das insgesamt eine Minute lang und prüfen dann, ob die Atmung wieder eingesetzt hat; gegebenenfalls wiederholen Sie beides.

Tipp:
Üben Sie sämtliche Untersuchungen frühzeitig und regelmäßig mit dem gesunden Hund!
Dazu gehört die Untersuchung von Pfoten und Krallen, Augen und Behängen, Maul und Nase, Zunge und Rachen sowie Bauch und After.

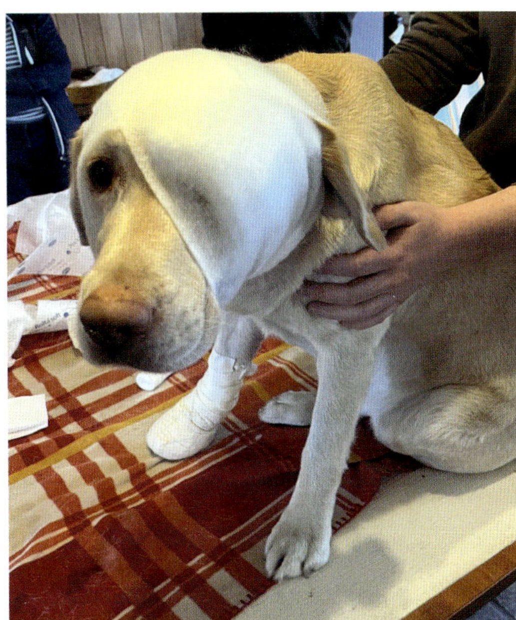

Tierisches Model beim 1. Hilfe-Kurs (anschließend gab's eine Riesenbelohnung)

Teil 3

Die praktische Ausbildung

Dieser dritte Teil des Buches soll Ihnen eine praktische Anleitung zur Ausbildung und zum Training Ihres Hundes geben. Dem Aufbau liegen die Fächer der Brauchbarkeitsprüfungen der Bundesländer zugrunde (dazu ausführlich in Teil 1). Aber auch ohne Prüfungsabsichten können Sie anhand dieses Buches mit Ihrem Hund im Hobby- und Freizeitbereich erfolgreich arbeiten und eine Menge Spaß haben.

Das Bestehen der sogenannten Gehorsamsfächer ist Voraussetzung für die anderen Module. Ein sicherer Rückruf und Rückpfiff sowie eine gute Leinenführigkeit sind zudem auch die Grundvoraussetzungen für den entspannten Spaziergang mit Ihrem Hund. Der Apport, Hauptteil der Module »Nachsuche auf Niederwild in Feld und Wasser«, bietet Ihnen die besten Möglichkeiten, sich mit Ihrem Hund im Alltag sinnvoll und beziehungsorientiert zu beschäftigen. Einen Dummy können Sie immer und überall dabeihaben. Neigt Ihr Hund dazu sich auf dem Spaziergang eigene Beschäftigungen zu suchen, können Sie ihn gut mit gemeinsamen Apportierübungen von sich überzeugen, sobald die Grundlagen sitzen.

Die Einarbeitung in die Schweißarbeit (Modul: Nachsuche auf Schalenwild) orientiert sich ebenfalls an den Vorgaben der Brauchbarkeitsprüfungen. Sie richtet sich an die Halterin und den Halter des Allrounders, nicht an den Spezialisten. Sollten Sie als Jagdhundehalterin oder -halter ohne Jagdschein dieses Buch nutzen, können Sie in diesem Teil auch Schweiß durch Würstchenwasser ersetzen und Ihren Hund alternativ beschäftigen. Fährtenarbeit fördert Ruhe und Konzentration und lastet den Hund geistig enorm aus.

Die Einarbeitung der Arbeitsbereiche Stöbern und Bauarbeit werden bewusst nur am Rande erläutert. Hier benötigen Sie ohne Vorkenntnisse die direkte fachmännische Anleitung im Revier, im Schwarzwildgatter beziehungsweise der Schliefenanlage. Abschließend bekommen Sie einen kurzen Überblick über weitere Beschäftigungsformen, die Ihnen, anderen Familienmitgliedern und Ihrem Hund Spaß machen könnten.

Das gesamte Training sollte kleinschrittig und strukturiert aufgebaut werden. Wenn eine Übung nicht klappt, gehen Sie einen Trainingsschritt zurück und wiederholen die Übung, bis der Status quo gefestigt ist. Übungsaufbau und Ablenkungsreize wie andere Tiere oder Menschen, Gerüche, Geräusche etc. müssen schrittweise an den aktuellen Trainingsstand angepasst werden.

Die »existenzielle Fütterung«, also das Prinzip »Futter für Arbeit«, hat sich in der Ausbildungspraxis als hervorragendes Mittel bewährt, beim Hund eine maximale Eigenmotivation zur Kooperation und zu den damit verbundenen Tätigkeiten aufzubauen sowie Zwang und Druck auf ein Minimum zu reduzieren. Wenn Sie einen gewissen Leistungsanspruch haben, sei sie an dieser Stelle empfohlen.

»Futter für Arbeit« bedeutet allerdings nicht, dass Sie Ihren Hund hungern lassen. Die an ihn gestellten Aufgaben müssen immer an den Trainingsstand angepasst sein. Es ist auch nicht zeitaufwendig, da Sie für einzelne Übungen kleine Mengen und für die letzte Übung einen Jackpot geben können. Haben Sie wenig Zeit, reicht eine einzige Übung aus, zur Not auch im Garten, und Ihr Hund bekommt seine Mahlzeit.

Wichtig ist aber – wie im Hundetraining generell – die Verbindlichkeit, das heißt täglich und nahezu ausnahmslos. Klingt Ihnen das zu drastisch, können Sie natürlich mit Leckerchen, Lob und Spiel ins Training einsteigen. Bewerten Sie nach einigen Wochen Ihren Fortschritt und handeln Sie danach. Natürlich ist es nicht bei jedem Hund nötig, aber möglich.

DIE GEHORSAMSFÄCHER – GRUNDLAGEN FÜR EIN ENTSPANNTES MITEINANDER

Rückruf und Rückpfiff

Die wichtigste Grundlage des Gehorsams ist das sichere und zügige Zurückkommen des Hundes auf Ruf oder Pfiff. Im jagdlichen, aber auch im familiären Alltag sorgt ein gut aufgebautes Abrufsignal für Entspannung und höchstmögliche Freiheit des Hundes. Außerdem gehört das sichere Abrufen bei jeder jagdlichen Hundeprüfung zu den Gehorsams

©Tanja Dautzenberg

Der Aufbau des Kommandos sollte mit höchstem Bedacht stattfinden, denn der häufigste Fehler während der Einarbeitung ist das zu schnelle Einfordern des Kommandos aus der Entfernung bei zu hohen Ablenkungsreizen. Wenn Sie einmal beginnen, »ins Leere« hineinzurufen oder zu pfeifen, wird die Ausführung des Kommandos mit der Zeit immer schlechter. Da sich der Hund nicht in Ihrem Einwirkungsbereich befindet, wird das Kommando für ihn mehr und mehr zu einer Option und weniger zu einer unbedingt auszuführenden Anweisung. Ziel bei der Einarbeitung ist es, dass der Hund das Kommando mehr oder weniger automatisch ausführt, ohne über mögliche Optionen nachzudenken. Dazu ist es wichtig, über einen ausreichend langen Zeitraum des Trainings auszuschließen, dass der Hund nicht wie gewünscht auf das Kommando reagiert.

Das verbale Abrufsignal »Hier!« oder »Hierher!« und das Pfeifensignal werden im Prinzip gleich aufgebaut. Die Pfeife hat als sicheres Signal aus der Entfernung allerdings eine Sonderstellung. Im Aufbau sollten Sie noch penibler auf das Timing und die hundertprozentige Ausführung achten. Die Vorteile der Pfeife liegen in der guten Hörbarkeit über große Distanzen bei immer gleichbleibendem Ton. Wenn Sie rufen, wird daraus schnell ein Brüllen und Sie übertragen mit der Stimme Emotionen an Ihren Hund. Das kann für die Durchführung des Kommandos absolut kontraproduktiv sein. Wut, Angst oder Unsicherheit in Ihrer Stimmlage können dazu führen, dass Ihr Hund das Kommando nicht so zuverlässig wie gewohnt ausführt. Machen Sie ruhig mal den Test und rufen Ihren Hund einmal wütend und einmal fröhlich motivierend. In den meisten Fällen wirkt die wütende und drohende Ansprache eher hemmend, die motivierende dagegen fördernd. Und sobald Ihr Hund auf große Distanz merkt, dass Sie keinen direkten Einfluss mehr auf ihn haben, wird er sich erst recht den schönen Dingen in seiner Umgebung widmen. Das Pfeifensignal dagegen ist immer gleich und emotional motivierend belegt.

Es gibt Hersteller, deren Pfeifen mit einer Kennnummer versehen sind. Pfeifen mit derselben Kennnummer haben immer auch dieselbe Frequenz.

Tipp:
Wählen Sie eine Pfeife, die Sie auch selbst gut hören können.

Idealerweise sollte die Pfeife einen genormten Ton haben, damit sie sie bei Verlust leicht ersetzen können. Bitte nehmen Sie keine Ultraschallpfeife: Für den Hund ist das Geräusch unangenehm und Sie selbst können nicht hören, ob die Pfeife überhaupt funktioniert oder sich der Ton verändert hat.

Konditionierung auf Pfeife und/ oder Rückrufsignal

Es müssen verschiedene Phasen des Trainings durchlaufen werden. Da Ihr Hund zunächst überhaupt keine Ahnung davon hat, was Sie von ihm wollen, wenn Sie »Hier!« rufen oder pfeifen, geht es zu Beginn nur darum, das Signal für den Hund mit der gewünschten Handlung zu verknüpfen. Dies sollte nicht nach dem Zufallsprinzip erfolgen, sondern über die bewusste Herbeiführung des erwünschten Verhaltens.

Locken Sie Ihren Hund mit der Stimme, Gesten und Körperhaltung zu sich. Vermeiden Sie dabei aber zwingend, bereits eine Art verbales Abrufkommando wie »Hier!« zu geben. Wenn Ihr Hund nun aufmerksam in freudiger Erwartung beginnt auf Sie zu zu laufen und Sie sich absolut sicher sind, dass er bei Ihnen ankommen wird, rufen Sie Ihr verbales Kommando oder verwenden Ihren Rückpfiff. Sobald Ihr Hund bei Ihnen ist, belohnen Sie mit besonderem Futter. Sie dürfen und sollen sich natürlich auch überschwänglich freuen und loben, achten Sie aber darauf, wenn Sie Ihren Hund mit Streicheleinheiten belohnen möchten, wie er körpersprachlich darauf reagiert. Das gerne praktizierte Streicheln über und um den Kopf finden viele Hunde eher unangebracht und reagieren mit Zurückweichen, Schütteln oder ähnlichen meidenden Gesten. Gut gemeint ist eben nicht immer gut gemacht. Halten Sie sich auch in der Anfangszeit davon ab, beim Hereinkommen des Hundes bereits ein Vorsitzen zu verlangen. Belohnt werden soll ausschließlich das Kommen. Wird im Anschluss daran noch dies und jenes verlangt, haben Sie nicht mehr das Kommen belohnt, sondern die darauffolgende Handlung. Mit steigender Sicherheit des Hundes, zu Ihnen zurückzukehren, können Sie das Vorsitzen nach kurzer Zeit nebenbei einführen. Dazu halten Sie einfach die Hand mit dem Futter etwas nach oben über die Nase Ihres Vierbeiners.

Da die Pfeife für mich immer höherwertiger ist als das verbale Abrufsignal, belohne ich nach dem Pfiff mit einem absoluten Highlight, das ausschließlich für den Pfiff gegeben wird. Das verbale Abrufsignal wird mit dem normalen Futter und verbalem Lob belohnt.

Rückpfiff – Hund locken, pfeifen und sofort bestätigen

Beginnen, das Kommando zu etablieren

Sobald Ihr Vierbeiner auf Ihr Rückrufsignal deutlich an Tempo zulegt, während er auf Sie zu läuft, können Sie anfangen zu rufen oder zu pfeifen, ohne ihn vorher zu locken. Nun sind vor allem Ihr Feingefühl und Einschätzungsvermögen gefragt. Bevor Sie rufen, müssen Sie sich absolut sicher sein, dass Ihr Hund kommen wird. Sind Sie nicht sicher, dann wecken Sie vorher wieder anderweitig seine Aufmerksamkeit.

Zu Beginn können Sie zum Beispiel sehr gut das Kommando geben, wenn Ihr Hund in der Nähe ist und in Ihre Richtung schaut. Sie können sich auch von Ihrem Hund entfernen und den Moment nutzen, sobald er hinter Ihnen herläuft. Generell ist die menschliche Körpersprache in der Anfangsphase der Einarbeitung besonders wichtig, um den Hund in seiner Entscheidungsfindung »Komme ich oder bleibe ich, wo ich bin« zugunsten des Menschen zu beeinflussen. Weglaufen, Kleinmachen oder fröhliches Loben während der Hund auf Sie zuläuft und eine freundliche Mimik sind wichtige Faktoren um möglichst auszuschließen, dass Ihr Hund denkt, es sei dort, wo er sich gerade befindet, interessanter als bei Ihnen.

Im Zweifelsfall locken Sie lieber einmal mehr und gehen auf Nummer sicher, als mehrmals hintereinander vergeblich ein Kommando zu geben. Wenn Sie derart konsequent vorgehen, werden Sie merken, dass Ihr Hund tatsächlich nicht darüber nachdenkt zu kommen, sondern beinahe automatisch zu Ihnen eilen wird, sobald Sie das Kommando gegeben haben. Die Ablenkungsreize werden im Alltag schrittweise und nebenher gesteigert. So erarbeiten Sie langfristig ein sicheres Rückrufsignal.

Übungen zur Festigung des Kommandos in erhöhten Reizlagen

Abrufbarkeit von anderen Hunden

Die Begegnung mit anderen Hunden stellt für viele Vierbeiner eine besondere Reizlage dar. Gerade Welpen und Junghunde erfreuen sich an dem Sozialkontakt mit ihresgleichen und einem ausgelassenen Spiel. Hier den Hund abzurufen ist eine besondere Herausforderung. Dabei kommt es nun auf die gute Vorarbeit im Alltag und ein hervorragendes Timing an. Sie sollten nicht erwarten, Ihren Hund trotz hervorragender Vorarbeit direkt aus dem wildesten Spiel abrufen zu können. Vielmehr ist es wichtig, den richtigen Moment zu erkennen und abzuwarten. Es entstehen immer wieder kurze Spielpausen oder Ihr Hund nimmt von sich aus kurz Blickkontakt zu Ihnen auf. Wenn Sie es nun schaffen, die Aufmerksamkeit zu erregen beziehungsweise zu binden und im günstigsten Moment Ihr Signal geben sowie körpersprachlich unterstützen, wird er zu Ihnen kommen. Halten Sie ihn kurz bei sich und geben Sie ihn dann wieder frei. Sie können den Hund ruhig mehrfach herausrufen und wieder freigeben. Das Kommen sollte nicht unweigerlich das Ende des Spiels bedeuten.

Sehen Sie keine gute Chance, ein sicheres Abrufsignal anzuwenden, versuchen Sie, sich vom Geschehen zu entfernen. Wenn Ihr Hund dies bemerkt und Sie seine Aufmerksamkeit haben, gehen Sie weiter und locken ihn enthusiastisch zu sich. Hier gehen Sie im Grunde genommen wieder einen kleinen Trainingsschritt zurück, indem Sie erst rufen oder pfeifen, wenn sich der Hund bereits motiviert auf dem Weg zu Ihnen befindet. Aber das ist sehr viel besser und langfristig erfolgreicher als mehrere vergebliche Rufe oder Pfiffe abzusetzen. Ein nicht befolgter Rückruf schadet Ihnen mehr, als ein nicht gegebenes Kommando.

© Tanja Dautzenberg

Bitte bedenken Sie auch, dass es während der sozialen Interaktion zwischen den Hunden Momente geben kann, in denen Ihr Hund, auch wenn er wollte, nicht zu Ihnen kommen kann. Ein anderer Hund könnte sein Entfernen als Provokation betrachten. Sie sollten also die Gesamtsituation immer im Blick haben, bevor Sie den Gehorsam des Hundes beurteilen.

Innerhalb von Lerngruppen für Welpen und Junghunde können hervorragend Übungen zur Abrufbarkeit unter kontrollierten Bedingungen erarbeitet werden. Das hilft Ihnen auch im Alltag bei Hundebegegnungen.

Der Dummy als Verleitung

Vorausgesetzt Ihr Hund ist im Apport bereits gut eingearbeitet, lassen sich Dummytraining und Rückruftraining gut miteinander kombinieren. Der Dummy als Beuteersatzobjekt ist eine Verleitung, die der echten Beute für die ersten Trainingsschritte ansatzweise nahekommt. Das bedeutet: Wenn sich der Hund nicht vom Dummy abrufen lässt, dann wird es am Hasen erst recht nicht gelingen.

Bei der Vertiefung des Rückpfiffs oder Rückrufs gehören die zwei folgenden Übungen zum Standardrepertoire. Für beide Übungen gibt es jeweils zwei Varianten.

Variante 1 bedeutet: nicht pfeifen oder rufen, sondern den Hund ganz normal apportieren lassen. Dabei halten Sie dennoch immer die Pfeife in der Hand, damit der Griff zur Pfeife dem Hund nicht bereits im Vorfeld signalisiert, dass Sie pfeifen werden.

Bei Variante 2 setzen Sie die Pfeife als Abrufsignal ein.
Variante 1 »Apport ohne Pfiff« wird zwingend häufiger während einer Trainingseinheit durchgeführt als Variante 2 »Pfiff mit Verleitung«. So vermeiden Sie die Erzeugung einer Erwartungshaltung Ihres Hundes. Läuft Ihr Hund bei dem Kommando »Apport« zögerlich los, da er das Abrufsignal erwartet, muss er Variante 1 mehrfach ausführen, bis er nicht mehr mit dem Pfiff rechnet. Vermeiden Sie im Training starre Muster und Stereotype, die der Hund schnell durchschaut.

Übung zum Rückpfiff: am Dummy vorbei abpfeifen. Der Dummy dient zur Verleitung.

Am Dummy vorbei abrufen

Bei dieser Übung sind Hund und Mensch einander gegenüber positioniert. Der Dummy liegt wahlweise rechts oder links mittig versetzt (Grafik 1).

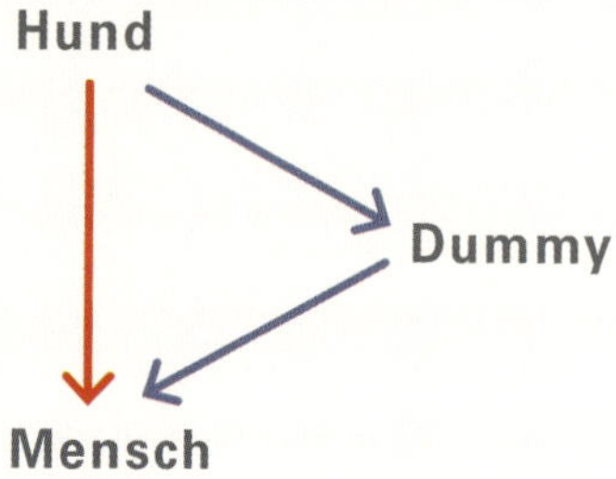

Für *Variante 1* nehmen Sie zunächst die Pfeife in die eine Hand und weisen mit der anderen Hand auf der Seite des Dummys in dessen Richtung. Jetzt schicken Sie den Hund mit dem Kommando »Apport« los.

Bei *Variante 2* geben Sie kein Handzeichen in Richtung des Dummys, sondern pfeifen den Hund zu sich. Er soll nun den Dummy ignorieren und kommen. Hat dies geklappt, gibt es verschiedene Möglichkeiten diese Übung zu beenden beziehungsweise weiterzuführen.

1. Der Hund soll sitzen bleiben und Sie holen den Dummy selbst.
2. Sie schicken den Hund aus dem Sitzen mit dem Kommando »Apport« zum Dummy und lassen ihn bringen.
3. Der Hund bleibt sitzen und Sie nehmen wieder die gegenüberliegende Position ein und starten erneut. Wahlweise eine Variante 1 oder Variante 2.

Hat die Übung in Variante 2 nicht geklappt und der Hund ist trotz des Pfiffs zum Dummy gelaufen und hat ihn gebracht, nehmen Sie ihm ohne Belohnung und mit neutraler Stimmung den Dummy ab und bauen die Übung erneut auf. Jetzt gibt es zwei Stellschrauben, an denen Sie die Übung modifizieren können, damit sie gelingt.

Das ist zum einen der Abstand des Dummys zur Mittellinie: Je größer der Abstand, desto geringer die Reizlage. Zum anderen ist es Ihr eigener Abstand zum Hund: Je geringer dieser ist, desto eher folgt der Hund dem Pfiff.

Die große Kunst ist es, für diese Übung zum Einstieg genau die richtigen Abstände zu finden, bei denen der Hund den Dummy als Ablenkungsreiz zwar wahrnimmt, dem Pfiff aber dennoch Folge leistet. Haben Sie diesen Übungsaufbau gefunden, wird dieser Trainingsstand in beiden Varianten durch mehrmalige Wiederholungen gesichert. Ist dies erfolgt, können Sie die Abstände schrittweise anpassen und die Übung somit an-

© Fotos: Ilka Dorn

Hund schicken – Hund dreht auf Pfiff ab – Hund kommt zurück.

spruchsvoller gestalten. Das Ziel ist es, dass sich der Dummy genau zwischen Ihnen und Ihrem Hund befindet und der Vierbeiner entweder einen Zwischenapport arbeitet oder über den Dummy hinweg herangepfiffen wird.

Abpfeifen auf dem Weg zum Dummy

Bei dieser Übung sitzt Ihr Hund in Grundposition links neben Ihnen. Den Dummy haben Sie zuvor rund 20 Meter in gerader Linie von Ihnen entfernt sichtig ausgebracht. In *Variante 1* nehmen Sie die Pfeife in die Hand und schicken Ihren Vierbeiner mit dem Kommando »Apport« den Dummy holen.
In *Variante 2* schicken Sie den Hund ebenfalls mit »Apport« zum Dummy, pfeifen ihn allerdings zurück, sobald er losgelaufen ist. Dabei sollten Sie anfangs sehr flott sein und ihn nicht weiter als zwei Meter laufen lassen. Hat Ihr Hund auf die Pfeife reagiert, dreht ab und kommt zurück, ist die Freude natürlich groß, und er hat sich ein Superleckerchen verdient. Dann wird wieder die Grundposition eingenommen und als Nächstes folgt Variante 1 der Übung.

Diese Übung wird immer schwieriger, je später der Rückpfiff erfolgt beziehungsweise je mehr Wegstrecke Sie Ihren Hund zum Dummy zurücklegen lassen. Wenn Sie nun die Übung durch mehrmalige Wiederholungen auf zwei Meter Wegstrecke abgesichert haben, können Sie schrittweise Meter für Meter die Distanz steigern. Ignoriert der Hund den Pfiff, muss die Übung vereinfacht werden (Grafik 2):

Variante 1: Hund wird an Mensch vorbei zum Dummy geschickt

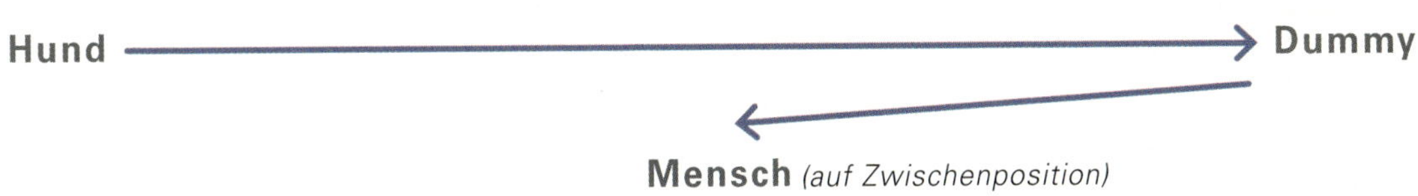

Nicht selten gelingt diese Übung nicht auf Anhieb. Sobald Sie Ihren Hund losschicken, wird er voll und ganz auf die Beute fokussiert sein. Wenn Sie Ihn jetzt zurückpfeifen, gerät er in einen Konflikt.
Damit Sie wieder stärker in den Fokus Ihres Hundes geraten, etablieren Sie anstelle der Grundposition eine Hilfsposition. Dafür stehen Sie quer genau zwischen Ihrem Hund und dem Dummy. Dabei ist Ihre linke Seite dem Hund zugewandt und Ihre rechte dem Dummy (Grafik 3):

Variante 2: Hund wird zum Dummy geschickt, dann aber an Punkt X abgepfiffen. Punkt X verschiebt sich mit steigendem Trainingsstand weiter zum Dummy.

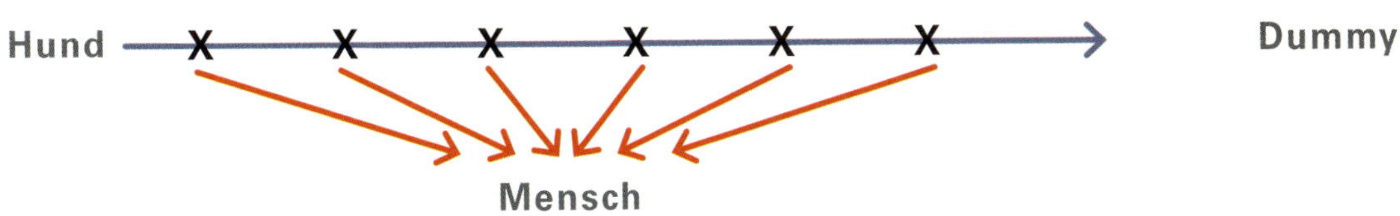

Bei *Variante 1* halten Sie, wie gehabt, um keine Erwartungshaltung herbeizuführen, die Pfeife in der Hand und schicken den Hund mit »Apport« zum Dummy. Ihre rechte Hand zeigt dabei auf den Dummy.

Bei *Variante 2* schicken Sie ihn ebenso los, nehmen die rechte Hand aber wieder zu sich und pfeifen, bevor Ihr Hund an Ihnen vorbeigelaufen ist. Dabei können Sie sich auch etwas kleiner machen und von der Mittellinie zurückweichen. Die Belohnung sollten Sie direkt parat haben. Auch hier gilt: je früher der Pfiff nach dem Schicken erfolgt, desto einfacher ist die Übung. Haben Sie eine Distanz gesichert, dann können Sie Ihren Hund wie gehabt Meter für Meter weiterlaufen lassen. Wenn Sie schrittweise so vorgehen, befindet sich Ihr Hund im Moment des Pfiffs bald mit Ihnen auf gleicher Höhe. Vergrößern Sie die zurückgelegte Distanz des Hundes vor dem Pfiff weiter Meter für Meter, bis er sich auf halber Strecke zwischen Ihnen und dem Dummy abpfeifen lässt. Dann bauen Sie die Hilfsposition wieder ab und starten aus der Grundposition. Abgepfiffen wird jetzt aber zu Beginn erst wieder aus kurzer Distanz, welche sich im Verlauf des Trainings wieder stufenweise erhöht.

Der Hund wird auf dem Weg zum Dummy zurückgepfiffen.

An dieser Stelle sei noch mal daran erinnert, Variante 1 im Vergleich zu Variante 2 häufiger durchzuführen, damit Ihr Hund bei den Übungen nicht permanent mit einem Rückpfiff rechnet. Er sollte immer ohne zu zögern auf das Kommando »Apport« loslaufen. Sollte er doch beginnen zu zögern, überprüfen Sie, ob Sie immer daran denken, grundsätzlich die Pfeife zur Hand zu nehmen. Ihr Hund beobachtet Sie sehr genau, und wenn Sie ausschließlich zur Pfeife greifen, wenn Sie im Anschluss auch Gebrauch von ihr machen, wird er das schnell merken. Überprüfen Sie auch, ob andere körpersprachliche Signale Ihre Absichten verraten.

Ist dies nicht der Fall, haben Sie vermutlich zu oft gepfiffen und sollten Ihren Hund einfach einige Male durchlaufen lassen, bis er wieder zügig losläuft.

Abpfeifen von bewegten Objekten

Um die Reizlage zu erhöhen und somit das Kommando weiter zu festigen, ist es durchaus legitim, einen Apportiergegenstand zu werfen und den Hund mit dem Kommando Apport direkt hinterherlaufen zu lassen. Betrachten Sie das dynamische Apportieren aber als sinnvolle Übung und nicht als dauerhafte Beschäftigungsform für Ihren Hund. Voraussetzung ist natürlich immer ein sauberes und korrektes Bringen.

Geworfen werden kann der Dummy, ein Ball oder eine Frisbeescheibe. Wenn Ihr Hund das sichere Apportieren aus dieser erhöhten Reizlage kennt, können Sie versuchen, ihn auf dem Weg zum Apportel abzupfeifen. Auch bei dieser Übung muss der Schwierigkeitsgrad schrittweise gesteigert werden. Zum Einstieg bietet es sich an, einen Wurf in eine Richtung anzutäuschen und dann in die entgegengesetzte Richtung zu werfen. So muss Ihr Hund an Ihnen vorbeilaufen und Sie können bereits pfeifen, bevor er auf Ihrer Höhe ist. Ist es geglückt, wird ordentlich belohnt und dieser Trainingsstand durch einige Wiederholungen abgesichert. Pfeifen Sie auch bei dieser Übung in einer Trainingseinheit nicht zu oft, damit Ihr Hund nicht zögerlich wird.

Im weiteren Verlauf des Trainings pfeifen Sie dann zu einem immer späteren Zeitpunkt. Gelingt es nicht und Ihr Hund ignoriert den Pfiff, muss die Übung wieder auf ein einfacheres Niveau heruntergebrochen werden.

© Tanja Dautzenberg

© Ilka Dorn

Korrektur und Absicherung

Bei kaum einem anderen Kommando ist es so wichtig, sich bei den Übungen und der Gabe des Kommandos an den Trainingsstand des Hundes anzupassen wie bei dem Rückpfiff. Ein Kommando, welches Sie aufgrund der Distanz im Zweifelsfall nicht einfordern können, wird mit der Zeit immer unzuverlässiger ausgeführt. Nach Möglichkeit soll der Hund in den ersten Monaten gar nicht die Erfahrung machen, dass ein Rückpfiff nicht befolgt werden kann. Nur so erreichen Sie, dass dieses Kommando nahezu automatisiert wird. Aber was tun, wenn es doch einmal schiefgelaufen ist? Bitte nicht wiederholt pfeifen ohne Aussicht auf hundertprozentige Ausführung des Kommandos!

Je nach Situation, in der Sie sich nun befinden, gibt es verschiedene Möglichkeiten zu reagieren:

1. Sie haben gepfiffen und Ihr Hund hat Sie zwar im Blick, kommt aber nicht oder hat unterwegs gestoppt, um sich mit etwas anderem zu beschäftigen. In diesem Fall entfernen Sie sich möglichst zügig und entschlossen von ihm. Zusätzlich können Sie motivierende Geräusche von sich geben (in die Hände klatschen, mit der Zunge schnalzen oder Ähnliches). Sie sollten aber nicht in ein bittendes Locken übergehen, bei dem Sie auf der Stelle stehen und ihn verzweifelt davon zu überzeugen versuchen, zu Ihnen zu kommen. So lernt er lediglich, dass Sie auf ihn warten und er sich Zeit lassen kann. Kommt der Hund nun freudig hinter Ihnen hergelaufen und Sie sind sich sicher, dass er bei Ihnen ankommen wird, pfeifen Sie noch einmal und belohnen.

   Schimpfen oder eine härtere Ansprache des Hundes erzeugt – wie bereits erwähnt – meistens das Gegenteil von dem, was Sie erreichen wollen. Eigentlich nicht verwunderlich, denn warum sollte der Hund zu jemandem kommen, der schlechte Stimmung verbreitet?

2. Kommt Ihr Hund nicht hinter Ihnen her, wenn Sie weglaufen oder bemerkt es zunächst überhaupt nicht, können Sie sich verstecken. Platzieren Sie sich so, dass Sie Ihren Hund beobachten können. Sobald er Ihr Verschwinden bemerkt und beginnt Sie zu suchen, lassen Sie ihn noch einen Moment zappeln und kommen dann aus Ihrem Versteck heraus. Jetzt rufen oder pfeifen Sie ihn heran. Die Erleichterung über Ihr Wiedersehen sollte so groß sein, dass er freudig kommen wird. Wichtig: Warten Sie nicht in Ihrem Versteck, bis Ihr Hund Sie findet. So wird er mit der Zeit nur immer gelassener, wenn Sie verschwinden und lässt Sie in Ihrem Versteck versauern. Lösen Sie die Situation als Retter in der Not auf, bevor er die richtigen Schlüsse ziehen kann.
3. Ist Ihr Hund absolut nicht zum Kommen zu bewegen, gehen Sie zu ihm und leinen ihn an. Ist der Hund mit einer Schleppleine gesichert, können Sie nach einem erfolglosen Ruf oder Pfiff auch das Ende der Schleppleine in die Hand nehmen und in die entgegengesetzte Richtung gehen. Spätestens nach dem Zug durch die Leine sind Sie wieder präsent und können ihn erfolgreich heranrufen oder -pfeifen.

Aus der schnellen Bewegung heraus befolgt der Hund das Abbruchsignal.

Stoppen über ein Abbruchsignal

Voraussetzung für diese Übung ist ein bereits hervorragend eingearbeitetes Abbruchsignal. Das kann für den Nahbereich ein »Nein!« oder Ähnliches sein, für die Ferne ein Stoppsignal wie Triller-»Down!« oder Triller-»Sitz!« (auf die werden wir noch zurückkommen). Diese Kommandos sichern Sie an einem bestimmten Punkt der Erziehung beziehungsweise des Trainings über positive Bestrafung ab, also mittels einer angepassten Maßregelung.

Ignoriert der Hund den Rückpfiff, haben Sie die Möglichkeit, sein aktuelles Handeln über das Abbruchsignal zu unterbrechen. Je nach Situation entscheiden Sie dann, ob Sie Ihren Hund erneut rufen oder abholen. Es ist sehr wichtig, dass Ihre Stimmung nach der Korrektur wieder freundlich und motivierend ist. Ihr Hund muss deutlich unterscheiden können, welches das unerwünschte Verhalten war und welches das Erwünschte ist.
Diese Punkte sind – wie gesagt – nur Erste-Hilfe-Maßnahmen. Es sollte nicht die Regel sein, ein nicht befolgtes Rückrufsignal zu korrigieren, sondern ein Nicht-Befolgen des Rückrufs gar nicht erst entstehen zu lassen.

»Stopp-Pfiff«/»Halt!«

Dieses Kommando soll jegliche Handlung des Hundes auch auf größere Distanz unterbrechen. Dabei nimmt er unmittelbar eine statische Position ein und wartet auf das nächste Kommando oder darauf, von Ihnen abgeholt zu werden. Um eine eindeutige Abgrenzung von Ihrem »Komm!«-Pfiff zu ermöglichen, bietet sich der Trillerpfiff an. Möglich ist aber auch ein lang gezogener Pfiff für das Stoppen und ein Doppelpfiff für das Kommen. Auch weitere Kombinationen sind möglich, sie sollten sich aber eindeutig voneinander unterscheiden.

Ob Ihr Hund auf Pfiff sitzen oder liegen soll, ist Ihnen überlassen. Ob der Hund das eine oder das andere Kommando besser oder schlechter in hoher Reizlage befolgt, liegt hauptsächlich an der Einarbeitung und nicht an der Körperhaltung. Es ist auch möglich, sowohl einen Pfiff für das Sitzen als auch einen anderen Pfiff für das Hinlegen auf Distanz zu erarbeiten. Konzentrieren Sie sich zunächst aber auf die Einarbeitung eines Kommandos auf Distanz. In den meisten Bundesländern gehört ein explizites Abbruchsignal nicht zu den Prüfungsfächern. Im Alltag ist es aber doch eines der wichtigsten Signale.

Den Pfiff im Nahbereich etablieren

Ihr Hund sollte sowohl das verbale Kommando als auch das Handzeichen für »Sitz!« oder »Platz!« bereits sicher beherrschen. Wenn es so weit ist, geben Sie Ihrem Hund im Nahbereich das Handzeichen und pfeifen Sie, während er das Kommando ausführt. So wird die Handlung des Setzens/Legens mit dem Pfiff verknüpft. Nach mehrmaligen Wiederholungen können Sie überprüfen, ob er den Pfiff mit der Tätigkeit verbunden hat, indem Sie das Handzeichen weglassen und nur pfeifen. Wenn Ihr Hund das Kommando ausführt, sind Sie bereit für den nächsten Schritt. Wenn nicht, üben Sie noch etwas weiter.

Der Pfiff im Nahbereich aus der Bewegung

Lassen Sie Ihren Hund bei Fuß gehen und halten Sie die Pfeife bereits in der Hand. Bleiben Sie stehen und pfeifen. Um möglichen Irritationen des Hundes schnell genug entgegenwirken zu können, geben Sie nun das dazugehörige Handzeichen unmittelbar nachdem Sie mit dem Pfeifen begonnen haben. Der Pfiff leitet somit das Kommando ein und das Handzeichen dient der Absicherung. Hat Ihr Hund die gewünschte Position eingenommen, soll er in ihr einige Zeit verharren. Bleiben Sie neben ihm stehen, warten Sie eine Weile ab und geben dann das Kommando zum Weiterlaufen.

Sobald das gut klappt, lassen Sie Ihren Hund bleiben und entfernen sich von ihm. Sie können ebenfalls um ihn herumgehen und weitere Ablenkungsreize einbauen, wie sie auch zum Üben eines normalen »Bleib!«-Signals eingesetzt werden.

Ausführung des Kommandos aus der Bewegung im Nahbereich

Nach und nach sollte die komplette Übung immer flüssiger ausgeführt werden. Sie bleiben weniger lange neben dem Hund stehen und gehen zügiger weiter.

Tipp:
An dieser Stelle des Trainings können Sie durchaus auch Druck ausüben. Sollte der Hund in der Ausführung »trödelig« sein, gibt es einen kurzen seitlichen Rempler und im Anschluss daran erneut das Kommando.

Der Pfiff auf Distanz aus der Statik heraus

Da die zugrunde liegenden Kommandos »Sitz!« und »Platz!« alle im Nahbereich eingearbeitet werden, stellen die meisten Hunde die Verknüpfung her, dass sie zur Ausführung des Kommandos ihren Menschen aufsuchen müssen. Das führt zu dem häufigen Phänomen, dass Ihr Hund bei einem Kommando auf Distanz auf Sie zu läuft. Aus seiner Sicht macht er dabei nichts falsch. Um diese Verknüpfung zu durchbrechen, müssen Sie Ihrem Hund quasi zuvorkommen. Sie blockieren seinen Vorwärtsdrang körpersprachlich, indem Sie auf ihn zugehen.

Die Ausgangslage ist eine statische Position des Hundes in circa zwei bis drei Metern Entfernung. Für einen »Sitz!«-Pfiff sollte er stehen, für einen »Platz!«-Pfiff kann er sitzen. Sie lassen Ihren Hund diese Position in Ihrem Nahbereich einnehmen, weisen ihn an dort zu warten und entfernen sich von ihm. Dann gehen Sie frontal auf ihn zu, pfeifen und geben das entsprechende Handzeichen. Hat Ihr Hund das Kommando ausgeführt, ohne seine Position zu verlassen, können Sie versuchen die Distanz zu vergrößern. Kommt er Ihnen auch nur einen halben Meter entgegen, bevor er sich setzt/legt, verringern Sie wieder die Ausgangsdistanz. So erarbeiten Sie sich gemeinsam schrittweise eine immer größere Entfernung.
Bei den ersten Trainingseinheiten gehen Sie noch komplett bis zu Ihrem Hund hin, ganz gleich wie zügig er die Position einnimmt. Später können Sie stoppen, sobald er das Kommando ausgeführt hat. Jetzt können wieder verschiedene Ablenkungsreize eingebracht werden, bevor Sie Ihren Hund aus dem Kommando freigeben.
Die Distanz wird nun nach und nach gesteigert, bis Ihr Hund problemlos auf 10 bis 20 Meter Entfernung den Pfiff befolgt ohne Anzeichen des Bestrebens zu Ihnen laufen zu wollen.

Blockierend auf den Hund zulaufen.

Die Wurfübung

Manchmal ist es nicht einfach, den Hund in einer Trainingssituation auf Distanz zu halten, besonders wenn Sie anfangen möchten, Ihren Hund aus der Bewegung heraus agieren zu lassen. Entweder klebt Ihr Hund in freudiger Erwartungshaltung an Ihnen oder er ist zu schnell oder auch zu weit von Ihnen entfernt. Um Dynamik, Distanz und Aufmerksamkeit unter einen Hut zu bekommen, kann man die »Wurfübung« etablieren.

Gewöhnungsphase

In der Gewöhnungsphase erzeugen Sie eine Erwartungshaltung bei Ihrem Hund. Sie nehmen eine Handvoll Futter in die eine Hand und werfen mit der anderen Hand jeweils einen Keks mit erhobenem Arm ein paar Meter von Ihnen weg. Dabei darf Ihr Hund sofort hinterherlaufen und den Keks fressen. Sobald er dieses Stück Futter aufgenommen hat und sich Ihnen wieder zuwendet, heben Sie erneut den Arm und werfen das zweite Stück in seine Richtung. Sollte er zwischenzeitlich auf Sie zu laufen, werfen Sie weiterhin das Futter von Ihnen weg. Nach einigen Wiederholungen werden Sie feststellen, dass Ihr Hund bereits Ihre Armbewegung nach oben mit der Erwartung an einen geworfenen Keks verbunden hat. Sie erkennen das daran, dass er Ihnen zugewandt stehen bleibt und zur Hand schaut. Jetzt ist der Moment gekommen, in dem Sie die Kommandophase einläuten können.

Kommandophase

Schaut Ihr Hund Sie aus einigen Metern Abstand erwartungsvoll an, lassen Sie den Keks nicht fliegen, sondern gehen langsam mit weiterhin erhobenem Arm auf ihn zu. Sie geben in der Vorwärtsbewegung das Handzeichen für »Sitz!« oder »Platz!« und danach das entsprechende verbale Kommando. Hat er die gewünschte Position eingenommen, wenn Sie bei ihm angekommen sind, belohnen Sie vor Ort. Daraufhin können Sie das Kommando auflösen und wieder ein paar Futterstücke werfen. Ist nach einigen Würfen wieder ein guter Moment der Erwartungshaltung dabei, können Sie erneut ein Kommando auf Distanz einfordern.

Mit zunehmender Übung werden Sie feststellen, dass sich Ihr Hund immer zügiger in die gewünschte Position begibt. Zu diesem Zeitpunkt können Sie statt des verbalen Kommandos Ihren Pfiff anwenden.

Im nächsten Schritt gehen Sie nicht mehr komplett zu Ihrem Hund durch, sondern bleiben stehen sobald er sitzt beziehungsweise liegt. Sie lassen ihn kurz warten, gehen dann zu ihm hin, loben, belohnen und lösen auf. Jetzt lassen Sie wieder einige Kekswürfe ohne Kommando folgen. Diese Übung sitzt perfekt, wenn Sie keinen einzigen Schritt mehr auf Ihren Hund zugehen müssen, bevor er sitzt/liegt.

Aus der Bewegung auf Distanz

Haben Sie sich mit Ihrem Hund die Grundlagen erarbeitet, sind Sie bereit für den nächsten Trainingsschritt. Jetzt soll das Kommando, ähnlich wie bei dem Rückpfiff, für den Hund unverhofft in der Bewegung erfolgen. Um zu vermeiden, dass Ihr Hund in dieser neuen Situation das Kommando fehlinterpretiert, unsauber ausführt oder doch wieder zu Ihnen läuft, müssen die Faktoren Distanz, Dynamik, Laufrichtung und Reizlage bei jeder Gabe des Kommandos berücksichtigt und im Training angepasst werden.

Je schneller und zielgerichteter Ihr Hund von Ihnen weg oder auch auf Sie zu läuft, desto schwieriger wird es, ihn zu stoppen. Das Gleiche gilt für zunehmende Distanz zwischen Ihnen. Beginnen Sie daher bei den ersten Übungen mit drei bis vier Metern Entfernung zum Hund, während

er entspannt vor Ihnen herläuft. Sie pfeifen und gehen zeitgleich das Handzeichen gebend auf Ihren Hund zu. Im weiteren Verlauf des Trainings steigern Sie schrittweise zunächst die Distanz. Dabei können Sie, wenn es erforderlich ist, auch schneller auf den Hund zugehen und körpersprachlich etwas mehr Druck machen.
Bis jetzt haben Sie darauf geachtet, dass sich Ihr Hund eher langsam, undynamisch und wenig zielgerichtet bewegt. Im nächsten Trainingsschritt steigern Sie die Dynamik und Geschwindigkeit des Hundes. Der Faktor Distanz wird dann wieder zurückgesetzt und im Trainingsverlauf erneut langsam gesteigert. Vergessen Sie auch jetzt nicht, sich weiterhin beim Geben des Kommandos auf Ihren Hund zuzubewegen.
Wie beim Rückpfiff gilt auch für dieses Distanzsignal, dass Sie vor dem Pfiff korrekt einschätzen sollten, ob Ihr Hund das Kommando befolgen wird. Jeder Pfiff ins Leere ohne Möglichkeit der Durchsetzung verschlechtert langfristig die unmittelbare Ausführung.

Die erhobene Hand erzeugt eine Erwartungshaltung und hält den Hund so auf Distanz.

Jetzt können Sie mit einer Bewegung auf den Hund zu ein »Sitz« einfügen.

Festigung des Kommandos in erhöhten Reizlagen

Stopppfiff auf dem Weg zum Dummy
Diese Übung kann genauso aufgebaut werden, wie die voran gegangene Übung »Rückpfiff auf dem Weg zum Dummy«: Sie starten mit der Zwischenposition, bei der Sie zwischen Hund und Dummy stehen. Begonnen wird – wie gehabt – mit der mehrfachen Wiederholung von Variante 1. Sie halten die Pfeife in der Hand, schicken den Hund aber an Ihnen vorbei den Dummy holen.

Läuft er zielgerichtet zum Apportel ohne Ihnen Beachtung zu schenken, geben Sie den Stopppfiff unmittelbar bevor er auf Ihrer Höhe ist. Dabei wenden Sie sich ihm körpersprachlich blockierend zu und können, sofern er an Ihnen vorbeilaufen will, einen seitlichen Rempler anwenden. Den darauffolgenden Moment der Irritation nutzen Sie, um erneut das Kommando zu geben und es mit deutlich weniger Druck einzufordern. Nehmen Sie wieder eine neutrale Körperhaltung ein und schicken Sie den Hund dann zum Apport. Es folgen wieder einige Wiederholungen der Variante 1, bis Ihr Hund ganz losgelöst und zielsicher an Ihnen vorbei zum Dummy läuft. Ist Ihr Hund deutlich irritierter, lockern Sie die Apportierübungen stärker auf. Verlassen Sie den konstruierten Übungsaufbau, werfen ein paar Dummys, hinter denen der Hund sofort hinterherlaufen darf und machen im Anschluss einige andere statische Apportierübungen aus dem Bleib heraus, zum Beispiel Apport aus der Grundposition, zur Seite schicken oder einen Zwischenapport, bei dem sich der Dummy zwischen Ihnen und Ihrem Hund befindet.
Erst wenn wieder Entspannung herrscht, wiederholen Sie die Übung mit der Zwischenposition in Variante 1, dann Variante 2 der Übung. Stoppt der Hund jetzt unmittelbar oder hat er es auch schon beim ersten Versuch gemacht, ohne dass eine Korrektur nötig war, bauen Sie die Zwischenposition ab und starten die Übung aus der Grundposition.

Sie stehen neben Ihrem Hund, haben die Pfeife in der Hand und schicken ihn zum Apport. Haben Sie das einige Male wiederholt, pfeifen Sie unmittelbar nachdem er aufgestanden ist und vergessen nicht, sofort auf den Hund zuzugehen. Wenn er stoppt, gehen Sie wieder in Ihre Ausgangsposition zurück und pfeifen ihn heran. Das Kommen wird natürlich adäquat belohnt.

Stopppfiff auf dem Weg zum Dummy mit Zwischenposition. Der Hund hat den Fokus auf den Apport und soll dennoch auf das Signal hin abbrechen.

Genau wie bei der Übung mit dem Rückpfiff steigern Sie auch hier den Schwierigkeitsgrad, indem Sie Ihren Hund immer weiterlaufen lassen, bevor Sie pfeifen. Auch die Ausführung des Stopppfiffs kann am geworfenen Apportel in einer dynamischen Übung weiter ausgebaut werden. Die Vorgehensweise ist die gleiche als würden Sie den Rückpfiff verwenden. Behalten Sie aber, anders als beim Rückpfiff, die Vorwärtsbewegung auf Ihren Hund zu bei.

Stoppen an der Reizangel

Die Reizlage kann weiter intensiviert werden, wenn Ihr Hund das Hetzen an der Reizangel kennt. Da der Ablauf der Übung gut koordiniert sein muss, empfehle ich das Ganze zunächst ohne Hund durchzuspielen: das schnelle Hakenschlagen mit der Reizangel, Pfeifen, die Reizangel fallen lassen und körpersprachlich blockierend loslaufen.

Haben Sie alles gut koordiniert im Griff, kann es mit dem Hund losgehen. Während er hinter dem Objekt an der Reizangel herläuft, schlagen Sie mit der Beute einen Haken auf die andere Seite. In diesem Moment muss sich der Hund neu orientieren und wenden. Genau diesen Moment nutzen Sie für den Stopppfiff. Sie lassen die Reizangel fallen, pfeifen und gehen frontal blockierend auf Ihren Hund zu. Sobald er stoppt, nehmen Sie wieder Druck heraus, loben und belohnen und lassen ihn auf Kommando erneut an der Reizangel hetzen. Jetzt darf er die Beute auch bekommen. Wie bei allen Kombinationsübungen mit der Pfeife gilt auch hier die Regel: Nicht zu oft pfeifen, damit der Hund den Pfiff nicht bereits erwartet.

Wenn die erste Stufe sicher funktioniert, erhöhen Sie die Herausforderung, indem Sie Ihren Hund nach und nach wieder mehr Anlauf nehmen lassen.

Tipp:

Wenn's trotz aller Mühe nicht klappt, suchen Sie sich guten Rat!

Wenn der Rückpfiff trotz sauberen Aufbaus in besonderen Reizlagen nicht hundertprozentig funktioniert und abgesichert werden muss, wenden Sie sich bitte an eine gute Jagdhundeschule und probieren Sie nicht selbsttätig den Einsatz aversiver Mittel oder diverser Ferntrainer.

Korrektur und Absicherung

Machen wir uns nichts vor, im jagdlichen Alltag kommt es zu Extremsituationen, deren Reizlage nicht in kontrollierten Übungen nachempfunden und somit auch nicht trainiert werden kann. Ein kleinschrittig und gut strukturiert aufgebauter Stopppfiff kann auch in solchen Situationen funktionieren, eine Garantie gibt es aber leider nicht. Bei manchen Hunden ist es nötig, das Kommando über positive Bestrafung abzusichern. Immer sollte eine erfahrene Hundetrainerin oder ein Hundetrainer den Trainingsstand des Hundes sowie dessen individuelle Persönlichkeit bewerten und den Einsatz des erlaubten Mittels der Wahl begleiten. Nur unter guter Anleitung ist es möglich, ein Nichtbefolgen des Kommandos beim Hund hervorzurufen und ihn dann gezielt zu maßregeln. Wenn der Hund auf die Korrektur reagiert, ist das der Moment, in dem er seinen Fokus auf das Beuteobjekt verliert und wieder ansprechbar ist. Jetzt erfolgt erneut das Kommando, welches der Hund – aufgrund der guten Vorarbeit im Training – nun auszuführen im Stande ist. Der Druck ist in diesem Moment wieder komplett raus und die korrekte Ausführung kann belohnt werden. Es ist extrem wichtig, dass der Hund bei einer Maßregelung genau einsortieren kann, welches Verhalten dazu geführt hat. Nur so kann er in zukünftigen Situationen sein Verhalten anpassen.

Leinenführigkeit und frei bei Fuß laufen

Bei allen jagdlichen Brauchbarkeitsprüfungen findet man in den Gehorsamsfächern die Überprüfung der Leinenführigkeit. Durchgängig wird die Leinenführigkeit im Stangenholz gefordert. Dabei müssen Sie mit dem Hund an umgehängter, lockerer Leine Slalom im Bestand um einige Bäume laufen. Die Leine dürfen Sie dabei nicht in der Hand halten. Ihr Hund muss sich an Ihnen orientieren und darf sich nicht mit der Leine um einen Baum wickeln. Auch Zug auf der Leine führt sofort zum Nichtbestehen des Fachs. Allerdings werden Sie schnell merken, dass der Slalomlauf mit etwas Übung schnell ritualisiert wird und gut zu schaffen ist. Viel mehr Übung und Konsequenz erfordert es, lange Strecken ordentlich bei Fuß geradeaus zu laufen. Und das ist ja gerade im Alltag das erstrebenswerte Ziel. Nichts zehrt mehr an den Nerven als ein an der Leine zerrender Hund, ganz abgesehen vom Sicherheitsaspekt. Je nach Bundesland wird auch das freie Bei-Fuß-Laufen geprüft. Dabei müssen Sie mit wechselndem Tempo und zwischenzeitlichem Stehenbleiben circa 50 Meter mit Ihrem Hund einen Waldweg entlanglaufen. Auch wenn Sie die freie Fußfolge in Ihrem Bundesland nicht für die Prüfung benötigen, praktisch im Alltag ist sie allemal.

Die Leinenführigkeit erfordert bei Mensch und Hund ein hohes Maß an Konzentration und Selbstbeherrschung. Sie scheitert in der Regel an Ungenauigkeit und Inkonsequenz seitens des Menschen. Daher ist es wichtig, ein klares Start-

Leinenführigkeit bedeutet Orientierung. Hund und Mensch müssen sich beim Training gut konzentrieren. Verlangen Sie von Ihrem Hund nichts, was ihn überfordern könnte.

und Endsignal für die Übung zu etablieren. So ist es möglich, außerhalb des Kommandos mit dem Hund zügig von A nach B zu kommen ohne auf die korrekte Leinenführigkeit zu bestehen und sich dennoch die erarbeiteten Trainingsfortschritte nicht zu zerstören. Dennoch sollten Sie grundsätzlich darauf achten, sich nicht vom Hund irgendwohin zerren zu lassen und auch nicht ständig für ihn stehen zu bleiben.

Tipp:
Sie brauchen eine gute und griffige Leine!
Sie sollte verstellbar und zwischen einem und drei Meter lang sein. Die Halsung des Hundes darf nicht zu dünn sein und muss einen feststehenden Verschluss haben.

Die Orientierungsübung

Die Orientierungsübung ist eine Vorstufe zur eigentlichen Leinenführigkeit beziehungsweise dem Bei-Fuß-Gehen an der Leine. Der Hund lernt dabei das Start- und Endritual kennen und sich an seinem Menschen zu orientieren.

Sie lassen den Hund rechts oder links neben sich sitzen. Üben Sie ruhig das Laufen auf beiden Seiten. In der jagdlichen Praxis und auf Prüfungen wird der Hund links geführt. Im Alltag ist es aber oft sinnvoller, den Hund auf der rechten, dem Verkehr abgewandten Seite zu führen. Wichtig ist nur, dass der Hund die Seite nicht selbstständig wechselt.

Die richtige Leinenlänge für die Orientierungsübung

Wenn der Hund neben Ihnen sitzt, überprüfen Sie die Leinenlänge. Halten Sie die Leine mit der Hand vor Ihren Bauch. Sie sollte locker etwa vier Zentimeter über dem Boden durchhängen. Nachdem Sie Ihren Hund hingesetzt haben, geben Sie das Kommando »Bei Fuß!« und gehen los. Achten Sie jetzt darauf, dass er maximal auf Ihrer Höhe läuft. Ist er im Begriff zu überholen, wechseln Sie kommentarlos die Richtung. Entweder nimmt Ihr Hund den Richtungswechsel an und folgt Ihnen oder er bekommt einen Impuls über die sich straffende Leine und muss unweigerlich Ihre Laufrichtung annehmen. Nach einigen Richtungswechseln werden Sie merken, dass Ihr Hund beginnt sich an Ihnen zu orientieren und Ihre Richtungswechsel annimmt. Läuft er aufmerksam neben Ihnen her, bleiben Sie zwischendurch stehen, lassen ihn

Bevor der Hund überholt, erfolgt die Wende vom Hund weg. So kann er noch reagieren und den Richtungswechsel mitmachen.

sitzen und belohnen ihn. Dann gehen Sie mit dem Kommando »Bei Fuß!« weiter. Nach etwa fünf bis zehn Minuten Training bleiben Sie erneut stehen, loben und geben Ihren Hund aus dem Kommando frei. Entweder leinen Sie ihn dafür komplett ab oder Sie wechseln die Leine. Alternativ können Sie einfach nur das bereits aus den Bleib-Übungen bekannte Freigabesignal geben.

Nehmen Sie sich für diese Übung nicht vor, eine bestimmte Wegstrecke zurücklegen zu müssen. Das setzt Sie nur unnötig unter Druck.

Ihr für den Hund zunächst unberechenbares Verhalten kann zu Beginn des Trainings dazu führen, dass er in die Leine beißt oder Sie anspringt. Dieses Verhalten können Sie ignorieren. Nimmt es extreme, nicht mehr zu ignorierende Ausmaße an, bleiben Sie kurz stehen und gehen dann langsamer weiter. Je langsamer Sie selbst laufen, desto einfacher ist es für Ihren Hund, sich auf Ihre Bewegungen einzustellen. Werden Sie schneller, dann wird auch der Hund schneller und alle Beteiligten müssen sich stärker konzentrieren, um auf den Partner reagieren zu können.

Mithilfe des Start- und Endrituals in Verbindung mit dem Kommando »Bei Fuß!« wird sich Ihr Hund nach einigen Wiederholungen schon gut auf die Arbeit einstellen können und sich bereits beim Loslaufen an Ihnen orientieren.

Wenn das gut klappt, sind Sie bereit für den nächsten Trainingsschritt.

Die Wende in den Hund hinein muss ebenfalls frühzeitig erfolgen. Sie kann auf einige Hunde körpersprachlich sehr beeindruckend wirken.

Bei Fuß einfordern

Überprüfen Sie zu Beginn des Trainings Ihre Ausrüstung. Die Halsung sollte breit genug sein und feststehend gut anliegen. Die Leine wird jetzt kürzer gehalten. Wenn Sie neben dem sitzenden Hund stehen und die Leine auf der dem Hund zugewandten Seite halten, hängt sie bei locker herabhängendem Arm ein Stück bis unter den Ellbogen des Hundes durch. Das ist die optimale Länge, damit Ihr Hund eine Chance hat, sich an lockerer Leine selbst zu korrigieren und Sie – wenn nötig – aus der lockeren Leine heraus selbst einen kurzen Impuls erzeugen können. Sie starten wie gehabt mit Ihrem Startritual und dem Kommando und gehen geradeaus in Ihre Wunschrichtung. Verlässt Ihr Hund nun nach vorne oder seitlich die Fußposition, geben Sie einen kurzen Impuls aus der lockeren Leine heraus.

Kein Ziehen oder Rucken, sondern einen kurzen Impuls ähnlich dem, wie der Hund ihn bereits bei der Vorübung kennengelernt hat. Nach dem Impuls ist die Leine sofort wieder locker und Sie initiieren einen Richtungswechsel von drei bis vier Schritten in die entgegengesetzte Richtung. Diesen Richtungswechsel soll der Hund selbstständig mitgehen. Sie sollen ihn nicht herumziehen. Eine einladende Körpersprache ist dabei sehr wichtig. Gehen Sie etwas in die Knie, schauen Sie Ihren Hund freundlich an und machen eine Kehrtwende von ihm weg. Nach den drei bis vier Schritten machen Sie erneut eine Kehrtwende ohne vorher einen Impuls zu geben und laufen weiter in Ihre Wunschrichtung.

Alternativ können Sie nach dem Impuls auch drei Schritte rückwärts gehen, damit sich der Hund auf diese Weise wieder neu an Ihnen orientiert und so seine Position korrigiert.
Es ist empfehlenswert, die Technik des Impulses aus der lockeren Leine heraus vor dem Training ohne Hund zu üben. Befestigen Sie die Leine an einem Gegenstand, der auf gleicher Höhe der Halsung ist oder lassen Sie eine andere Person die Leine festhalten. Üben Sie mit einem anderen Menschen, kann dieser Ihnen direkt ein Feedback über die Wirkung Ihres Impulses geben. So bekommen Sie ein sehr gutes Gefühl dafür, mit welcher Technik und Intensität Sie die Leine hand-

Korrekte Leinenlänge

Ein kurzer Impuls kündigt den Richtungswechsel an.

An lockerer Leine wird der Hund zur Neuorientierung eingeladen.

haben müssen. Wenn dieser Teil der Übung bei Ihnen gut sitzt, können Sie sich ganz auf Timing und Richtungswechsel am Hund konzentrieren.

Das A und O bei der Leinenführigkeit ist die absolut konsequente Ausführung des Kommandos innerhalb des Start- und Endrituals. Sollten Sie merken, dass die Ausführung der Übung – aus welchen Gründen auch immer – in dem Moment nicht möglich ist, dann geben Sie Ihren Hund mit dem Endritual aus dem Kommando frei. Auf diese Weise ruinieren Sie sich nicht Ihren bis dahin erarbeiteten Trainingsfortschritt.

Tipp: Nehmen Sie sich zum Üben statt einer bestimmten Strecke immer ein Zeitintervall vor.

So schaffen Sie Ihr vorgegebenes Trainingspensum immer ohne Frust. Je besser es mit der Zeit funktioniert, desto länger wird das Zeitintervall. Am Ende gibt es das ordentliche Bei-Fuß-Laufen und den Freilauf – und dazwischen nur noch ganz wenige Ausnahmen.

© Fotos: Ilka Dorn

Der Hund folgt der Einladung.

Leinenführigkeit im Stangenholz

Bei den Brauchbarkeitsprüfungen der Länder gehört, wie bereits erwähnt, die Überprüfung der Leinenführigkeit im Stangenholz zu den Gehorsamsfächern. Wenn Sie es schaffen, mit Ihrem Hund leinenführig und orientiert geradeaus zu laufen, dann ist die Leinenführigkeit durch das Stangenholz mit ein wenig Übung und Routine Im Rahmen der Prüfung läuft Ihr Hund auf der linken Seite, sofern Sie Rechtsschütze sind, und die Leine hängt diagonal um Ihren Oberkörper. Sie dürfen die Leine während der Abfrage des Prüfungsfachs nicht in die Hand nehmen.

Diese Vorgehensweise können Sie bereits etablieren, sobald Sie Ihren Hund nur noch selten bei der Fußarbeit korrigieren müssen.

Im Bestand müssen Sie sowohl rechts als auch links um die Bäume herumlaufen, ohne dass sich Ihr Hund mit der Leine um einen Baum wickelt. Mit ein paar Tricks machen Sie es sich und Ihrem Hund leichter, den Slalom sicher zu beherrschen. Die enge Linkswende vor dem Hund mit dem Baum auf der Seite des Hundes ist für den Beginn der Übung gut geeignet, um schnell die volle Aufmerksamkeit des Hundes zu erlangen. Haben Sie diese Aufmerksamkeit, ist das ein guter Zeitpunkt, um eine Rechtswende zu initiieren. Laufen Sie generell nicht zu schnell, damit sich Ihr Hund auf Ihre Richtungswechsel einstellen kann.

Bauen Sie diese Übung routinemäßig immer mal wieder auf Ihren Spaziergängen mit ein. Dann sind Sie hier mit wenig Trainingsaufwand für die Prüfung gut vorbereitet.

Frei bei Fuß laufen

Wenn die Fuß-Übung an der Leine sicher beherrscht wird, ist der Übergang zum Bei-Fuß-Laufen ohne Leine nicht schwer. Als Zwischenschritt können Sie statt der normalen Leine eine dünne Schnur durch die Öse der Halsung fädeln. Das gibt Ihnen vor allem selbst Sicherheit. Sie beginnen mit dem bekannten Startritual und gehen los. Der ein oder andere Richtungswechsel hält dabei die Aufmerksamkeit des Hundes hoch. Gehen Sie zunächst nur wenige Meter, stoppen und lassen Ihren Hund neben sich sitzen. In dieser Pause können Sie belohnen. Dann gehen Sie weiter und bauen immer wieder kurze Belohnungspausen ein. Wenn Sie sich sicher fühlen, können Sie die Leine einfach auf den Boden fallen lassen oder nebenbei komplett aus der Öse herausgleiten lassen. Ist Ihr Hund im Begriff, zu weit vor zu laufen oder seitlich abzudriften, holen Sie sich seine Aufmerksamkeit wieder durch einen Richtungswechsel und eine motivierende Ansprache. Läuft er trödelig, dann machen Sie selbst wieder etwas mehr Tempo. Sie können die Leine und auch die Schnur komplett weglassen, wenn Sie nahezu fehlerfrei eine gewisse Wegstrecke zurücklegen können. Achten Sie auch darauf, dass unterschiedliche Reizlagen auch unterschiedliches Training erfordern. In hohen Reizlagen wird es anfangs noch nicht so gut klappen wie in Situationen ohne viele Ablenkungsreize. Passen Sie Ihr Training daran an und machen die Fuß-Übung zwischendurch oder zu Beginn der Trainingseinheit wieder mit Leine, falls Ihr Hund mental noch nicht bei Ihnen ist.

Der Hund läuft die Fußübung an einer Schnur gesichert, die im folgenden Training fallen gelassen und schließlich ganz abgebaut werden kann.

Das Training hat sich ausgezahlt – dieser Hund läuft gut orientiert frei bei Fuß.

Besondere Situationen – Alternativverhalten anbieten

Es wird immer wieder Situationen geben, in denen es Ihnen und vor allem Ihrem Hund schwerfallen wird, konzentriert und orientiert an der lockeren Leine zu laufen. Wenn eine besondere Reizlage dafür verantwortlich ist, können Sie versuchen, Ihren Hund davon abzulenken.

Grundsätzlich sollten Sie bei der Leinenführigkeit nicht mit Futter arbeiten, da es nicht besonders alltagstauglich ist und das Futter als Lockmittel bei einer solch zeitlich lang anhaltenden Übung schnell seinen Reiz verliert. Arbeiten Sie aber im Rahmen der Leinenführigkeit nur ausnahmsweise und gezielt mit Futter, können Sie durchaus in erhöhten Reizlagen damit eine Wirkung erzielen. Wenn die Möglichkeit besteht, zum Auslösereiz eine größere Distanz einzunehmen, sollten Sie diese anfangs auch nutzen. Führen Sie Ihren Hund zusätzlich immer auf der dem Reiz abgewandten Körperseite. So sind Sie als Puffer dazwischen und signalisieren Ihrem Hund, dass Sie die Verantwortung in der Situation übernehmen. Wenn Sie an einem Außenreiz (zum Beispiel anderer Hund) vorbeigehen wollen, warten Sie mit der Umlenkung nicht, bis Ihr Hund schon voll und ganz von der Situation eingenommen ist. Bieten Sie früh genug, wenn er noch gut ansprechbar ist, Futter an. Es kann reichen, den Hund mit einem Leckerchen vor der Nase an dem Reiz vorbeizuführen. Oftmals reicht es aber leider nicht, denn je länger der Keks vor der Hundenase verharrt und nicht in seinem Maul landet, desto uninteressanter wird diese Ablenkung und der Fokus verlagert sich wieder Richtung Ablenkungsreiz. Damit es nicht dazu kommt, lassen Sie den Keks einfach auf den Boden fallen und den Hund danach suchen. Hat er das Futter aufgenommen, halten Sie ihm das nächste Stück vor die Nase und lassen es wieder fallen. Sollten Sie Bedenken bezüglich der Futteraufnahme vom Boden haben, dann verknüpfen Sie diese zusätzlich mit einem Kommando, zum Beispiel »Nimm's!«.

Durch das Suchen nach dem Futter muss der Hund seinen Fokus komplett verlagern und ganz andere Areale seines Gehirns werden aktiviert. Je besser es funktioniert, desto weniger Futterstückchen müssen Sie einsetzen. Vergrößern Sie nach und nach die Wurfintervalle, bis Sie schließlich wieder ganz ohne Umlenkung an dem Reiz vorbeilaufen können.

Denken Sie beim Training der Leinenführigkeit immer daran, dass es sich um einen kontinuierlichen Lernprozess handelt. Genau wie alle anderen Kommandos muss die Leinenführigkeit gemäß dem Trainingsstand des Hundes immer wieder geübt und dementsprechend das Training angepasst werden. Da es sich um ein lang anhaltendes Kommando handelt, besteht die größte Gefahr darin, dass Sie selbst unaufmerksam und somit inkonsequent werden. In den meisten Fällen ist genau das die Ursache für ein unbefriedigendes Ergebnis.

Der Hund läuft an dem anderen Hund vorbei und wird mit Futter umgelenkt.

Schussfestigkeit und Standruhe

Die Überprüfung der Schussfestigkeit gehört grundsätzlich zu allen jagdlichen Hundeprüfungen dazu. Aber auch im Alltag ist es von Vorteil, wenn Ihr Hund nicht bei jedem Knall verängstigt das Weite sucht. Ein Hund, der nicht schussfest ist, kann unter keinen Umständen jagdlich eingesetzt werden. Je nach Art der Prüfung erfolgt die Überprüfung im Feld, im Wald oder auch im Wasser. In Feld und Wald soll der Hund frei suchend unter der Flinte jagen, also in 30 bis 40 Meter Entfernung zur Hundeführerin oder zum Hundeführer.

Dann werden im Abstand von 20 bis 30 Sekunden zwei Schrotschüsse abgegeben, von denen der Hund sich nicht beeindrucken oder von seiner Arbeit abbringen lassen darf. Ist er nach dem Schuss verängstigt und gehemmt, flieht er mit eindeutig ängstlicher Körpersprache oder sucht die Nähe seines Menschen auf und lässt sich nicht mehr zur Arbeit schicken, gilt er als schussscheu. Eine Schussempfindlichkeit besteht, wenn der Hund kurz beeindruckt ist, sich dann aber langsam wieder entspannt und sich wieder schicken lässt. Sollte der Hund nach dem Schuss kurz stehen bleiben und sich interessiert umschauen, ist das vollkommen in Ordnung. Hunde allerdings, die nach dem Schuss in Erwartung an Beute kopflos und unkontrollierbar wegrennen, werden wohl eine gewisse Schusshitzigkeit entwickelt haben.

Am Wasser darf sich der Hund nicht durch einen Schuss auf die Wasseroberfläche von seiner Aufgabe abbringen lassen (dazu Näheres im Kapitel Wasserarbeit).

Die Standruhe wird in Form eines simulierten Treibens überprüft. Richter und Mitwirkende gehen als Treiber durch den Bestand, rufen »Hopphopp«, klatschen in die Hände und geben Schrotschüsse ab. Die Hundeführerinnen und Hundeführer stehen

Der Helfer schießt mit der Schreckschusspistole während Sie sich auf den Hund konzentrieren können.

© Fotos: Ilka Dorn

Im nächsten Schritt schießt der Helfer mit der Flinte.

mit ihren Hunden als Standschützen in einer Reihe dem Spektakel zugewandt. Auch sie geben jeder nacheinander jeweils zwei Schrotschüsse ab. All das müssen die Hunde ruhig neben ihren Menschen sitzend oder wahlweise liegend aushalten ohne zu bellen, in die Leine zu springen oder ins Treiben zu rennen. Es liegt auf der Hand, dass das nicht nur für die Prüfung wichtig ist, sondern auch für die Sicherheit in der jagdlichen Praxis. Bei den Brauchbarkeitsprüfungen lassen Sie den Hund in der Regel mit umgehängter Leine neben sich sitzen oder liegen. Es gibt aber auch Prüfungen, bei denen Sie Ihren Hund frei neben sich positionieren können oder müssen.

Die Gewöhnung an den Schuss sollten Sie nicht auf die leichte Schulter nehmen! Beginnen Sie nicht zu spät damit, Ihren Hund an laute, zunächst schussähnliche Geräusche zu gewöhnen, denn schnell läuft Ihnen vor den Prüfungen die Zeit davon, wenn Ihr Hund sich nicht als vollkommen unempfindlich herausstellt.
Der Schuss ist eigentlich nichts anderes als ein lautes Geräusch, welches für den Hund die ersten Male oft unerwartet stattfindet. Wie ein Hund auf plötzliche laute Geräusche reagiert, ist abhängig von seiner Veranlagung, von den Reaktionen seines Umfelds und langfristig von den Erfahrungen, die er mit diesen Geräuschen macht.

Bei uns Menschen ist es nicht anders. Stellen Sie sich vor, Sie sitzen im Garten und plötzlich knallt es aus nächster Nähe. Mit höchster Wahrscheinlichkeit werden Sie sich erschrecken. Dann werden Sie sich umschauen, die Lage um sich herum sondieren, bewerten und schließlich dementsprechend reagieren. Eventuelle Erfahrungen, die Sie vorher mit Knall- oder ähnlichen lauten Geräuschen gemacht haben, werden Sie in Ihre Bewertung mit einfließen lassen.

Was heißt das für unsere Hunde? Sie können einen geräuschempfindlichen oder -unempfindlichen Hund haben. Beide können durch ungünstige Bedingungen sowohl schussscheu als auch schusshitzig werden. Das Training unterscheidet sich bei beiden nicht, muss aber bei dem sensibleren Hund sehr viel kleinschrittiger stattfinden.
Ist der erste Knall, den der Hund hört, zu laut, wird er sich unter Umständen so stark erschrecken, dass auch die spätere Zugabe positiver Reize nicht zu einer günstigen Verknüpfung führen wird. Keinesfalls sollten Sie einfach die Flinte nehmen und auf gut Glück ausprobieren, wie sich Ihr Hund bei Schussabgabe verhält. Beginnen Sie stattdessen mit anderen Knallgeräuschen, die sich gut in den Alltag integrieren lassen.

Luftballons sind eine gute Möglichkeit, bereits im Welpenalter die ersten Schritte der Knallgewöhnung zu initiieren. Ein Helfer kann einen oder zwei Ballons platzen lassen, während Sie mit Ihrem Hund in circa 20 Metern Entfernung einer angenehmen Beschäftigung nachgehen. Wenn er nach dem Knall kurz aufschaut, spielen Sie weiter mit ihm und lassen ein paar Futterstückchen fallen. Vielleicht läuft er sogar neugierig in die Richtung des Geräusches. Dann kann der Helfer sich ebenfalls freundlich mit dem Hund beschäftigen.

Zwei Knallgeräusche pro Trainingseinheit reichen vollkommen aus. Wenn Sie übertreiben, kann es passieren, dass es dem Hund doch langsam unangenehm wird und er beginnt Meideverhalten zu zeigen. Je gelassener der Hund mit dem Knall umgeht, desto näher lassen Sie es knallen. Der Helfer ist irgendwann nicht mehr notwendig und Sie können selbst den Luftballon in die Hand nehmen.

Tipp:
Achten Sie auch darauf, die Knallübungen nicht immer in der gleichen Umgebung zu machen!
Nehmen Sie Ihre Ballons auch mit auf den Spaziergang und ins Revier.

Für die nächste Stufe können Sie einfache Böller in den unterschiedlichsten Größen verwenden. Die Gewöhnung beginnt mit der kleinsten Größe und auch wieder mit einem Helfer. So können Sie selbst sich ganz auf den Hund konzentrieren. Achten Sie natürlich dringend darauf, dass Ihr Hund nicht zum Böller laufen kann. Halten Sie ihn an der Schleppleine oder sorgen Sie dafür, dass sich ein Hindernis, etwa ein Zaun oder eine Mauer, zwischen Ihnen und dem Knaller befindet. Die Vorgehensweise ist die gleiche wie mit den Luftballons. Wählen Sie aber einen größeren Abstand von etwa 50 Metern als Einstieg bei den kleinsten Knallern und nähern sich dann langsam an. Bei jeder größeren Stufe beginnen Sie wieder mit Abstand. Hinweis: Bitte beachten Sie die gesetzlichen Bestimmungen zur Verwendung von Böllern! Sobald Sie mit der Schreckschusspistole oder der Flinte trainieren möchten, erhöhen Sie den Startabstand auf 100 Meter.

Wenn Sie bei einer Knallintensität eine Trainingsstand erreicht haben, bei dem Ihr Hund absolut gelassen reagiert, können Sie auf dieser Stufe Übungen zur Schussfestigkeit und Standruhe machen.

Schussfestigkeitsüberprüfung – Übung

Wenn bei Hundeprüfungen die Schussfestigkeit überprüft wird, soll sich Ihr Hund in etwa 30 bis 50 Meter von Ihnen entfernt in einer Suche befinden. Dann geben Sie in einem Abstand von etwa 30 Sekunden zwei Schrotschüsse ab. Der Hund soll weiterlaufen und sich nicht von den Schüssen beeindrucken lassen. Sollte er zu Ihnen laufen, muss er sich innerhalb einer Minute wieder von Ihnen lösen und flott weitersuchen.

Damit sich Ihr Hund überhaupt auf Geheiß von Ihnen wegbewegt, ist es sinnvoll ein Freigabesignal zu etablieren. Noch sicherer ist es, den Hund direkt in eine Suche schicken zu können, bei der er gezielt ein Suchengebiet von 50 Meter Tiefe vor Ihnen absuchen lernt. Die Einarbeitung der Freiverlorensuche wird später noch genauer erläutert. Während sich Ihr Hund in der Suche befindet, knallen Sie und lassen ihn weitersuchen. Er soll lernen, dass der Knall seine Arbeit nicht unterbricht. Läuft er zu Ihnen, schicken Sie ihn direkt wieder in die Suche.

Standruhe – so nicht

Standruhe – simuliertes Treiben – Übung

Den oben beschriebenen Prüfungsteil des simulierten Treibens können Sie schon frühzeitig mit vorbereiten, indem Sie das Klatschen, Rufen und so weiter in Bleib-Übungen Ihres Hundes einbauen. So verringern Sie die Gefahr, kurz vor der Prüfung bei dieser Übung unangenehme Überraschungen zu erleben.

Übung zur Standruhe mit Helfer

Lassen Sie ihn sitzen und/oder liegen und laufen Sie als einzelner Treiber mit allem Brimborium vor ihm her und um ihn herum. Springt er auf, bringen Sie ihn wieder zum Ausgangspunkt zurück und wiederholen die Übung mit gemäßigter Aktion Ihrerseits. Sie trainieren auch hier wie gehabt von reizarm zu reizreich. Ist Ihr Hund gut sitzen oder liegen geblieben, kehren Sie zu ihm zurück, belohnen und geben ihn dann frei.

Wenn Sie mit einer Knallintensität auf einem gefestigten Trainingsstand sind, können Sie auch die Knallerei mit einbauen. Starten Sie mit zwei »Schüssen« und steigern Sie die Zahl langsam auf zehn. Sobald Sie eine steigende Nervosität bei Ihrem Hund feststellen, fahren Sie die Reizlage wieder etwas herunter.

Wenn Ihr Hund die gesamte Treibjagdsimulation mit Ihnen alleine vollkommen entspannt mitmacht, können Sie auf diesem Level mit einer kleinen Gruppe einsteigen oder auch andere Leute vor Ihnen und Ihrem Hund herlaufen lassen.

In den Vorbereitungskursen zu den Prüfungen ist es oft nicht machbar, die Übungen zur Standruhe an den Trainingsstand jedes einzelnen Hundes anzupassen. Daher ist es wirklich sehr sinnvoll, für sich alleine bereits eine große Sicherheit bei dieser Übung erworben zu haben.

© Ilka Dorn

So soll es aussehen.

Schussscheue und Schusshitzigkeit

Beide Eigenschaften sind in der Regel erworben und können mit ausdauerndem und konsequentem Training reguliert werden. Angeboren kann lediglich eine übermäßige Geräuschempfindlichkeit, Sensibilität oder Nervosität sein. Daher neigen manche Hunde eher zu problematischem Verhalten in Verbindung mit dem Schuss als andere. Dennoch sollten Sie die Flinte nicht zu schnell ins Korn werfen und mit Ihrem Hund weiterhin an Schussruhe und -sicherheit arbeiten. Hier ist Geduld gefordert.

Es muss in beiden Fällen regelmäßig und kontinuierlich geübt werden, das heißt mehrmals in der Woche.

Ist Ihr Hund schussscheu, fangen Sie noch mal bei null an. Sie starten das Schussfestigkeitstraining mit Ballons auf Abstand und geben in Verbindung damit eine ganz besondere Belohnung: ein sehr begehrtes Leckerchen, ein dynamisches Ball- oder Zerrspiel oder sogar die komplette Mahlzeit. Achten Sie immer darauf, dass der Reiz des Geräusches so stark ist, dass Ihr Hund ihn als solchen wahrnimmt. Der Reiz darf aber nicht so stark sein, dass er Meideverhalten auslöst. Wenn der Hund nach dem Knall Futter annimmt, ist das ein guter Indikator für die richtige Intensität. Sobald Ihr Hund nach dem Schuss eine Erwartungshaltung an die Belohnung zeigt, sind Sie auf dem richtigen Weg und können langsam die Intensität des Geräusches erhöhen.

Bei der Schusshitzigkeit gehen Sie ähnlich vor. Allerdings dürfen Sie hier keinesfalls nach dem Schuss dynamisch belohnen. Ruhiges Verhalten wird ruhig mit Futter belohnt. Damit der Hund überhaupt fähig ist zu entspannen, sollten Sie auch hier die Geräuschintensität zu Beginn des Trainings verringern und dann langsam steigern. Wenn Sie Ihren Hund in einem Bleib-Kommando trotz verringerter Reizlage nicht auf sich fokussieren können, hilft ruhige Bewegung, zum Beispiel eine konzentrierte Fuß-Übung.

Tipp:
Der stete Tropfen höhlt den Stein! Achten Sie wirklich penibel darauf, die Reizlage kleinschrittig zu erhöhen. Jeder Ausrutscher kann Ihren Hund wieder in den alten Zustand zurückversetzen.

Mit einem schusssicheren und -ruhigen Hund können Sie nicht nur gemeinsam jagen, sondern auch gemeinsam Beute machen.

© Tanja Dautzenberg

Apportieren macht Spaß.

NACHSUCHE AUF NIEDERWILD AUSSER REHWILD

Der Apport

Der sichere und durchgearbeitete Apport ist vielleicht die Königsdisziplin in der Ausbildung der Vorstehhunde. Doch auch für Hunde anderer Kategorien ist ein sicherer Apport wichtig; außerdem ist das Apportieren eine fordernde und fördernde Beschäftigung außerhalb der eigentlichen Ausbildung. Aber bei keinem anderen Thema sind die Ansichten über die korrekte Einarbeitung so unterschiedlich und mittlerweile schon beinahe ideologisch vertreten. Dabei haben alle das gleiche Ziel: den freudigen und zuverlässigen Apporteur. Und so verschieden die unterschiedlichen Ansätze auch sind, wirklich neu oder modern sind sie alle nicht.

Wer sich mit Jagdhundeausbildung beschäftigt, kommt in der Regel an dem Begriff Zwangsapport nicht vorbei. Bereits in Abrichtebüchern, deren Ersterscheinungsdatum gute 100 Jahre zurückliegt, wird die Ausbildung über den Zwangsapport beschrieben.

Aber auch die Ausbildung zum Apport, bei der sich der Mensch die natürliche Bringfreude des Hundes zunutze macht und nach seinen Vorstellungen formt, wird schon in Büchern aus den 1940er-Jahren beschrieben.

Auch das Clickertraining ist keine Erfindung der Neuzeit, wenngleich die wahrscheinlich neueste Form, einem Hund das Apportieren beizubringen. Der Ursprung liegt aber auch bereits in den 60er-Jahren des letzten Jahrhunderts.

Alle Methoden haben ihre Vor- und Nachteile. Jede Methode muss genau und konsequent angewendet werden. Am Ende müssen Sie entscheiden, auf welcher Ebene Sie mit Ihrem Hund kommunizieren und arbeiten möchten.

Von der Bringfreude zum Apportieren

Jeder Hund bringt einen natürlichen Beutetrieb mit, den Sie sich für die ersten Schritte zum Bringen von Gegenständen zunutze machen können. Das »Apportierspiel« sollte aber von Anfang an gemäß einem klaren Regelwerk ablaufen. Es wird vom Menschen initiiert und auch beendet. Was gebracht werden soll, muss auch gebracht werden. Damit das gelingt, müssen Sie eine Lernatmosphäre schaffen, die dem Hund eine motivierte Mitarbeit ermöglicht. Die Ablenkungsreize dürfen nicht zu groß sein, der zu bringende Gegenstand muss für den Hund von Interesse sein und die Belohnung hochwertig.

Damit bereits beim Welpen und Junghund das Apportieren zur wichtigsten und eigennützigsten Beschäftigung wird, sollten Sie Ihren Hund hauptsächlich über den Apport füttern, das heißt für die einzelnen Übungen gibt es das normale Futter, und für die letzte Übung der Trainingseinheit den Jackpot in Form der kompletten Mahlzeit. Das »Füttern für Arbeit« muss dann eine Allgemeingültigkeit haben. Es bedeutet, dass sich der Hund täglich sein Futter ausnahmslos über das Training erarbeitet. Selbstverständlich muss die Aufgabenstellung für den Hund, bezogen auf seinen aktuellen Trainingsstand immer angemessen sein: Wir reden nicht von Futterentzug, um kurzfristig eine höhere Motivation zu schaffen, sondern von einer anderen Form der Fütterung. Wenn Sie möglichst wenig direkten Zwang ausüben und hauptsächlich über positive Verstärkung arbeiten möchten, kommen Sie um das Prinzip der existenziellen Fütterung kaum herum. Nicht, dass es bei den Hunden keine Ausnahmen gäbe, aber wer ohne klassischen Zwangsapport arbeiten möchte, muss eine maximale Eigenmotivation des Hundes im Training erzeugen. Da reichen Leckerchen und lobende Worte ab einem gewissen Anspruch oft nicht mehr aus.

Das heißt aber nicht, dass Sie nun täglich noch zusätzliche Stunden für das Training aufbringen müssen. Sie können mal mehr und mal weniger Übungen in die tägliche Beschäftigung mit Ihrem Hund einfließen lassen. Eine Übung, verbunden mit der darauffolgenden Gabe des Jackpots in Form der Mahlzeit, reicht vollkommen aus. Haben Sie aber viel Zeit, dann machen Sie in einer Trainingseinheit 20 Übungen, für die es jeweils eine Kleinigkeit aus der Futtertüte gibt, und für die 21. Übung erhält Ihr Hund den Jackpot.

Haben Sie übrigens keinen Apportierhund, dann finden sich immer andere Tätigkeitsbereiche, für die der Hund sich sein Futter erarbeiten kann.

Ein gewisser Zwang herrscht aber immer bereits zu Beginn des Trainings, denn damit sich der Hund der Trainingssituation nicht entziehen kann, wird er mit einer langen Leine abgesichert. Diese wird auch genutzt, um ihn gegebenenfalls mit dem Apportiergegenstand heranzuholen.

Die ersten Schritte

Wählen Sie einen Trainingsort, an dem Ihr Hund mit wenig Ablenkungsreizen konfrontiert wird und sich gut auf Sie konzentrieren kann. Der Apportiergegenstand muss für Ihren Hund von Interesse sein und gut in den Fang genommen werden können. Zeigen Sie ihm das Apportel und beginnen Sie ein kleines dynamisches Beutespiel, indem Sie den Gegenstand von ihm wegbewegen. Haben Sie sein Interesse geweckt, werfen Sie diesen ein Stück weg. Lassen Sie die Schleppleine locker durch Ihre Hand gleiten, sodass Sie sie nicht erst hektisch aufsammeln müssen, sollte Ihr Hund sich mit dem Apportel aus dem Staub machen wollen. Sobald er es in den Fang genommen hat, freuen Sie sich, locken ihn zu sich und gehen, die Schleppleine einholend, rückwärts von ihm weg. Kommt er mit dem Dummy im Fang bei Ihnen an, loben Sie ihn und nehmen es ihm mit Ruhe ab. Jetzt erst greifen Sie in Ihre Futtertasche und beschließen das Tauschgeschäft.

Das rückwärtige Weggehen vom Hund ist übrigens in jedem Abschnitt der Apportierausbildung immer die erste Hilfsmaßnahme, sobald der Hund mit dem Dummy auf dem Weg zu Ihnen langsamer wird, stehen bleibt oder den Dummy vor Ihnen hinlegt. Ist Ihr Hund nicht über die Schleppleine abgesichert und testet aus, was passiert, wenn er mit dem Apportel Ehrenrunden dreht oder sich in zehn Metern Entfernung von Ihnen damit hinlegt, dann können Sie sich am besten umdrehen und sich entschlossen vom Hund entfernen. Auf diese Weise nehmen Sie ihm die Bühne für sein Verhalten, und er wird alsbald mit oder auch ohne Dummy hinter Ihnen herlaufen. Kommt er ohne Dummy, dann rufen Sie ihn kurz bevor er bei Ihnen ist heran, leinen ihn an und sammeln den Dummy selbst wieder ein, um die Übung mit Absicherung über die Leine zu wiederholen. Kommt er mit Dummy, dann rufen Sie ihn ebenfalls bis dicht an sich heran und lassen sich den Dummy geben. Die weiteren Apportierübungen erfolgen nun natürlich wieder angeleint.

Tipp:
Rufen Sie niemals dem nicht apportierenden Hund mehrfach die Kommandos hinterher!

Da Sie aus der Entfernung nicht durchsetzungsfähig sind, mindert das nur Ihre Souveränität. Es sei denn, Sie haben ein gut sitzendes Abbruchsignal und können damit ein Time-out herstellen.

Während der ersten Schritte beim Apport sollten Sie zwingend darauf achten, nicht bereits in die Futtertasche zu greifen, bevor der Hund bei Ihnen angekommen ist. Dies führt in den meisten Fällen dazu, dass die Hunde den Gegenstand vorzeitig fallen lassen, um das Maul für den Keks frei zu haben.

Lässt der Hund doch das Apportel fallen, animieren Sie ihn erneut durch ein Beutespiel dazu, den Gegenstand zu packen. Passiert das wiederholt, kann es sein, dass er den Gegenstand einfach nicht wichtig genug findet. Dann ist ein Wechsel des Dummys oft der Schlüssel zur Mitarbeit. Versuchen Sie auch darauf zu achten, dass das Apportel in Ihre Hand abgegeben wird. Lässt er es vor Ihnen fallen, animieren Sie ihn noch mal, es aufzunehmen. Einem Hund, der den Dummy ohnehin gut festhält und ihn eher nicht hergeben will, brauchen Sie ihn nicht sofort aus dem Maul zu nehmen. Lassen Sie ihn bei sich verweilen, indem Sie ihn mit der Leine absichern, loben Sie ihn und tauschen dann in Ruhe den Dummy gegen Futter.

Das alles muss noch nicht perfekt aussehen. Das Hauptaugenmerk besteht zu diesem Zeitpunkt darin, dem Hund zu vermitteln, dass es für ihn einen Vorteil bedeutet, Beute zu bringen. Mit zunehmenden Wiederholungen, auch unter dem Aspekt der Jackpot-Möglichkeit, werden Sie merken, dass Ihr Hund die aktive Absicherung über die Leine nicht mehr nötig hat. Er kommt freudig auf direktem Weg zu Ihnen gelaufen. Sie können die Leine jetzt während der Übungen loslassen. Lassen Sie sie aber vorsichtshalber noch am Hund. Jetzt ist auch der richtige Zeitpunkt, um das Kommando einzufügen. Hat Ihr Hund den Dummy aufgenommen und ist auf dem Weg zu Ihnen, loben Sie ihn und rufen »Apport!«. So kann er das Wort und die Tätigkeit miteinander verknüpfen.

© Fotos: Tanja Dautzenberg

Der Hund sollte immer mit einer langen Leine abgesichert sein. Indem Sie den Hund locken, rückwärts laufen und dabei die Leine einholen, bringen Sie Ihren Hund dazu, das erwünschte Verhalten zu zeigen.

Der Ausbau

Klappt das Bringen eines Gegenstands gut, wird es Zeit, weitere Apportel einzuführen. Achten Sie immer darauf, Gegenstände zu wählen, die Ihr Hund gut aufnimmt. Neigt er bei dem einen oder anderen Dummy dazu, nicht gut zu greifen oder zu knautschen (darauf herumzukauen), dann wechseln Sie den Dummy. Festigkeit, Umfang, Gewicht und Oberfläche sind Faktoren, die zu berücksichtigen sind. So gewöhnt er sich von Anfang an einen guten angepassten Griff an. Wenn Sie einen neuen Dummy einführen, halten Sie immer die Leine in der Hand. Auch wenn es bereits gut funktioniert hat, kann ein neuer Gegenstand so interessant sein, dass der Hund damit experimentieren möchte. Ein leichter Zug an der Schleppleine kann das sofort unterbinden.

Sobald mehrere Objekte sicher vom Hund gebracht werden, bauen Sie das dynamische Beutespiel ab. Sie lassen Ihren Hund bleiben, gehen einige Meter von ihm weg, legen den Gegenstand sichtig aus und kehren zu Ihrem Hund zurück. Dann schicken Sie ihn mit »Apport« und einem richtungsweisenden Handzeichen zum Dummy.

Sollte er nicht sitzen bleiben, dann heben Sie als Erstes den Dummy wieder auf, damit Ihr Hund nicht an Ihnen vorbeirennt und sich dann durch Aufnehmen des Dummys selbst belohnt. Bringen Sie ihn zügig und ruhig mithilfe der Leine zu seinem Ausgangspunkt zurück und wiederholen die Übung, bis es klappt.

In weiteren Trainingseinheiten erhöhen Sie die Reizlage. Wenn das Weglegen des Dummys sicher funktioniert, lassen Sie ihn fallen. Danach werfen Sie ihn einen Meter weiter nach hinten. Bleiben Sie dabei Ihrem Hund noch zugewandt, um notfalls schnell korrigieren zu können. Schrittweise verringern Sie jetzt die Distanz zu Ihrem Hund

Der Hund hält den Dummy fest und lernt, ihn erst auf Kommando auszugeben.

und erhöhen die Wurfweite. Am Ende sollten Sie neben Ihrem Hund stehen und den Dummy werfen können, ohne dass er dem Impuls nachgibt, sofort hinterherrennen zu wollen.

Ein Dummy darf auch geworfen werden, gerade um den Hund für hohe Reizlagen sicher im Apport zu trainieren. Federwild fällt schließlich auch sichtig vom Himmel.
Damit die Konzentrationsfähigkeit des jungen Hundes möglichst lange erhalten bleibt, sollten Sie statische Apportierübungen aus dem Bleib mit dynamischen Apportierübungen abwechseln, die der Hund von den ersten Schritten bereits kennt. Gewöhnen Sie sich jetzt an, sobald das Apportel geworfen wird, das Kommando »Apport!« zu geben. Ab jetzt darf Ihr Hund also nur noch auf Kommando loslaufen, auch wenn es sich um eine dynamische Übung handelt.

Das Vorsitzen und Halten

Bisher haben Sie lediglich Wert darauf gelegt, dass der Dummy in Ihre Hand abgegeben wird. Eine Apportierübung ist nie beendet, wenn das Apportel auf dem Boden liegt. Nun soll sich der Hund aber mit dem Dummy im Fang vor Ihnen hinsetzen. Da Sie das Kommando »Sitz!« bisher immer geübt haben, ohne dass der Hund dabei etwas festhalten soll, kann es sein, dass seine Vorstellung von dem Kommando von dem abweicht, was Sie erwarten. Wenn Sie nun also »Sitz!« sagen, während er den Dummy im Maul hat, kann es sein, dass er den Dummy fallen lässt, bevor er sich hinsetzt. Das ist kein Ungehorsam, sondern einfach der Verknüpfung geschuldet, die der Hund mit dem Kommando »Sitz!« in der Vergangenheit hergestellt hat. Mit etwas Geduld und Beharrlichkeit wird er aber schnell begreifen, dass er ein Apportel auch sitzend halten kann.

Werden Sie vor allem in den ersten Trainingseinheiten nicht wütend oder grob. Dadurch entsteht schnell ein Konflikt in Ihrem Nahbereich in Verbindung mit der Abgabe des Dummys. Schnell wird dem jungen Hund dann das Bringen grundsätzlich verleidet und er kommt nicht mehr freudig mit dem Dummy heran, sondern beginnt ab einer Entfernung von zwei bis fünf Metern Übersprungshandlungen zu zeigen. Diese äußern sich dann in »Spielereien« mit dem Apportel, wie etwa damit hinlegen, darauf herumkauen, herumwerfen oder durchstarten und Extrarunden drehen. Dieses Verhalten sollte immer im Kontext zum vorangegangenen Training bewertet und dementsprechend darauf reagiert werden.

Abgeben in die Hand

Dummy festhalten

Trial and Error

»Trial and Error« (Versuch und Irrtum) ist eine Methode, Probleme zu lösen, indem so lange verschiedene Lösungsmöglichkeiten versucht werden, bis die gewünschte Lösung gefunden wurde. Dabei wird oft bewusst auch die Möglichkeit von Fehlschlägen in Kauf genommen. In der Umgangssprache bezeichnet man diese Vorgehensweise als Ausprobieren.

Ihre gewünschte Lösung ist in diesem Fall das Vorsitzen und Halten. Die in dieser Phase noch zulässige Lösungsmöglichkeit ist die stehende Abgabe des Dummys in die Hand, die Sie zuvor im Training aufgebaut haben. In verschiedenen Übungskonstellationen, die Ihr Hund zuvor kennengelernt hat und sicher beherrscht, starten Sie nun Versuch und Irrtum. Die Fehlschläge, etwa das Fallenlassen des Dummys nach dem Kommando »Sitz!«, nehmen Sie in Kauf und bleiben mit weiteren Versuchen beharrlich am Ball. Der Ihnen zugewandte und motivierte Hund wird bald verstehen, was Sie von ihm wollen. In den folgenden Übungen greift das Prinzip »Trial and Error« und alle Übungen können und sollten auch parallel trainiert werden.

Dummy tragen

Damit Ihr Hund das sichere Halten des Dummys in Ihrem Nahbereich verinnerlicht, sollten Sie mit ihm üben, den Dummy sauber über einen längeren Zeitraum neben Ihnen her zu tragen. Dabei soll er ihn weiter festhalten, wenn Sie kurz stehen bleiben und weitergehen.

Sie nehmen Ihren Hund dafür an die kurze Leine und legen einen Dummy einen Meter hinter Ihnen aus. Dann schicken Sie den Hund mit dem Kommando »Apport!« zum Dummy. Sobald er ihn mit sicherem Griff aufgenommen hat, gehen Sie mit dem Kommando »Fuß!« weiter. Bereits nach wenigen Schritten nehmen Sie ihm den Dummy mit »Aus!« wieder ab und belohnen. Je sicherer diese Übung funktioniert, desto mehr Distanz können Sie zurücklegen, bevor Sie Ihrem Hund den Dummy abnehmen. Lässt er ihn zwischendurch fallen, fordern Sie ihn mit »Apport!« erneut auf, den Dummy aufzunehmen und gehen weiter. Achten Sie aber darauf, die Strecke jetzt zu reduzieren, damit Sie die Übung erfolgreich beenden können.

Wenn Sie in dieser Übung sicher geworden sind und ohne Zwischenfälle etwa 50 Schritte gehen können, beginnen Sie stehen zu bleiben.

Machen Sie zunächst eine kurze Pause von zwei Sekunden und gehen dann weiter. Wiederholen Sie die Pausen drei- bis fünfmal und nehmen Ihrem Hund dann den Dummy aus dem Fang mit »Aus!« ab.

Im nächsten Schritt verlängern Sie sukzessive Ihre Standpausen, bis Sie circa bis zehn zählen können. Ab jetzt können Sie versuchen, Ihrem Hund stehend und haltend das Kommando »Sitz!« inklusive Handzeichen zu geben. Sobald er sich hinsetzt, warten Sie nicht zu lange und nehmen ihm den Dummy ab. Die Belohnung dürfen Sie natürlich nicht vergessen. Sollte er den Dummy fallen lassen, lassen Sie ihn diesen wieder aufnehmen und nehmen ihm dann stehend den Dummy aus dem Fang ab. Das lassen Sie als erfolgreiche Übung gelten und belohnen wie gehabt. Für den Hund ist das jetzt eine Multitaskingaufgabe, gleichzeitig zu sitzen und weiter zu halten. Wenn Ihr Versuch fehlschlägt, ist das zunächst nicht schlimm. Beenden Sie die Übung mit dem gesicherten Trainingsstand, um keinen Frust aufkommen zu lassen. Wiederholen Sie dann in einem weiteren Durchgang das Sitzen. Auch wenn es am Anfang einige Male nicht klappt, wird der Knoten nach ein paar Wiederholungen platzen und es wird immer zuverlässiger gelingen.

Der Hund trägt den Dummy ruhig nebenher.

Aufnehmen aus kurzer Distanz

Bei dieser Übung sitzt Ihr Hund unmittelbar vor Ihnen und der Dummy liegt dabei zwischen Ihnen und Ihrem Hund. Der erste Schritt besteht darin, den Hund nun mit »Apport!« dazu aufzufordern, den Dummy aufzunehmen und Ihnen in die Hand zu geben. Manche Hunde sind aufgrund der ungewohnten Konstellation von Mensch und Dummy irritiert und wissen nicht, was sie tun sollen. In diesen Fällen sollten Sie die Übung zunächst mit größeren Abständen etablieren und dann die Abstände immer weiter verkürzen.
Sie erarbeiten sich also in dem Fall einen Zwischenapport, bei dem Sie Ihren Hund absetzen, weggehen, nach fünf bis zehn Schritten den Dummy sichtig fallen lassen und die gleiche Strecke weitergehen. Dann drehen Sie sich zu Ihrem Hund um, weisen zum Dummy und geben das Kommando »Apport!«. Der ungewohnte Übungsaufbau führt manchmal dazu, dass der Hund etwas zögerlich ist und erst nach ausdauernder motivierender Aufforderung losläuft. Auch der Dummy wird die ersten zwei bis drei Male eventuell überlaufen. Schicken Sie ihn dann einfach zurück zum Apportel. Nach wenigen Wiederholungen wird diese Übung gelingen, und Sie können beginnen, die Abstände zu verringern. Zwischendurch sollten Sie sie auch wieder vergrößern. Das bringt Schwung und Motivation in die Übung (Grafik 4):

Hund ⟶ **Dummy** ⟶ **Mensch**

variabler Abstand   *variabler Abstand*

Zwischenapport aus kurzer Distanz mit anschließender Aufforderung zum Sitzen. Sollte der Hund den Dummy fallen lassen, lassen Sie ihn erneut aufheben und in die Hand geben.

Sobald die gegenüberstehende Position für Ihren Hund kein Problem mehr ist, können Sie die reine Übung aus kurzer Distanz zum Aufheben trainieren. Erstes Ziel ist das sichere Abgeben in die Hand. Das ist vor allem wichtig, um Fehlschläge beim Einführen des Vorsitzens zu korrigieren und einen gesicherten Abschluss der Übung zu garantieren. Sobald das Bestreben des Hundes den Dummy in die Hand abgeben zu wollen groß genug ist, beginnen Sie bei dieser Übung durch verbales Kommando und Sichtzeichen das »Sitz!« einzufordern. Wie bei der Übung zum Tragen gilt auch hier: Setzt sich der Hund hin, nicht zu lange warten, den Dummy nehmen und ordentlich loben und belohnen. Lässt er das Apportel fallen, erneut aufnehmen lassen und mit der Handabgabe die Übung beenden. Bei einem gut motivierten Hund können Sie auch einen zweiten Versuch »Sitz!« wagen. Auch bei dieser Übung müssen Sie etwas am Ball bleiben, bis es klappt.

Aufnehmen aus kurzer Distanz und Abgabe in die Hand

© Fotos: Tanja Dautzenberg

Aufnehmen aus kurzer Distanz und anschließend Vorsitzen

© Fotos: Tanja Dautzenberg

Vorsitzen aus der Apportierübung heraus

Bringt Ihr Hund bereits zuverlässig und freudig den Dummy bis in die Hand, können Sie einfach versuchen ihn sitzen zu lassen, vorausgesetzt er lässt sich bereits gut korrigieren, sobald er das Apportel fallen lässt. Kommt er mit dem Dummy heran, bleiben Sie aufrecht stehen und geben das verbale Kommando sowie das Sichtzeichen für Sitz. Gehen Sie genauso vor wie bei den anderen Übungen. Setzt er sich hin, nehmen Sie ihm sitzend das Apportel aus dem Fang und freuen sich überschwänglich. Lässt er es fallen, zeigen Sie auf den Dummy und geben erneut das Kommando »Apport!«. Gehen Sie dabei gegebenenfalls zwei bis drei Schritte rückwärts. Das lädt Ihren Hund ein, sich erneut zu Ihnen zu bewegen und nimmt körpersprachlich Druck aus der Situation. So kann er sich selbst korrigieren und Sie können ihm den Dummy stehend abnehmen. Bei einem motivierten und zugewandten Hund können Sie durchaus zwei bis drei Fehlschläge provozieren, bevor Sie wieder eine korrekte Abgabe in die Hand belohnen.

Tipp:
Achten Sie immer auf die Tagesform des Hundes!
Wenn er zu oft nicht belohnt wird und in dem aktuellen Apportierdurchgang nicht auf die gewünschte neue Lösung kommt, könnte er aus Frust aufgeben. Daher sollten Sie die Übung immer mit einem Erfolgserlebnis abschließen und es im nächsten Durchgang erneut probieren.

Formung über den Clicker

Der Clicker bietet sich besonders gut an, um komplexe Verhaltensweisen schrittweise zu formen. Im Free Shaping, dem freien Formen, kommt der Hund über die Hinweise des Menschen mit dem Clicker von selbst darauf, das erwünschte Verhalten zu zeigen.

Clicker

Zunächst muss der Hund auf den Clicker konditioniert werden. Dafür bereiten Sie eine Schüssel mit kleinen Futterstückchen vor oder stecken sich einige Stücke in die Tasche – Hauptsache, Sie können das Futter schnell erreichen. Starten Sie in einer reizarmen Umgebung, in der Sie die uneingeschränkte Aufmerksamkeit Ihres Hundes haben. Sie klicken, greifen zum Futterstück und geben es ihm. Das wiederholen Sie an einigen aufeinanderfolgenden Tagen jeweils 20- bis 30-mal. Halten Sie das Futter nicht bereits in der Hand, da sich Ihr Hund dann zu stark auf die Hand fokussiert. Reagiert der Hund auf den Klick mit einer freudigen Erwartungshaltung, können Sie mit dem Training beginnen.

Die erste Verhaltensweise, die Sie jetzt über den Clicker formen und festigen können, ist das Vorsitzen. Halten Sie den Clicker bereit und warten Sie einfach, bis sich Ihr Hund vor Ihnen hinsetzt. Sobald er sitzt, klicken Sie und belohnen.

© Fotos: Ilka Dorn

Mit dem Clicker können Sie das Greifen, ruhige Halten und sichere Aufnehmen von Apportiergegenständen formen.

An dieser Stelle können auch Hilfsmittel wie Placeboard oder Sitzeimer eingesetzt werden. Sie dienen dazu, den Hund klarer räumlich definiert und konzentrierter sitzen zu lassen. Sie sind nicht zwingend notwendig, können aber bei unruhigen Hunden durchaus hilfreich sein.

Wiederholen Sie die Übung mit dem Vorsitzen einige Male, bis sich der Hund mehrfach hintereinander gezielt hinsetzt, um Sie zum Klicken zu veranlassen.

Sobald der Hund das Sitzen als Lösung zum Erfolg abgespeichert hat, bringen Sie den Dummy ins Spiel. Wenn der Hund sitzt, klicken Sie nicht wie erwartet, sondern halten ihm den Dummy vor die Nase. Sobald er sich damit beschäftigt, auch wenn er ihn nur mit der Nase anstupst, klicken und belohnen Sie. Die Belohnung sollte nach dem Klick immer gegeben werden, damit die Verknüpfung Klick – Futter weiterhin besteht.

Warten Sie immer, bis der Hund von sich aus das gewünschte Verhalten zeigt. Nach einiger Zeit hat er raus, wie er Ihren Klick bekommen kann und wird zielgerichtet, ohne lange zu zögern, immer wieder den Dummy anstupsen. Jetzt verlangen Sie mehr und warten mit dem Klick. Der Hund wird nun weitere Verhaltensweisen anbieten, um den Klick auszulösen. Sobald er den Fang öffnet, um den Dummy zu nehmen, klicken Sie. Sichern Sie auch dieses Verhalten über mehrere Wiederholungen ab und gehen dann schrittweise ins längere und ruhigere Halten über. Sind Sie und Ihr Hund so weit, halten Sie den Dummy nicht mehr direkt vor die Nase, sondern etwas nach unten. Schließlich legen Sie den Dummy auf den Boden vor Ihren Hund und lassen ihn diesen aufheben. Dafür muss er wahrscheinlich seine Sitzposition kurz verlassen, um sich dann wieder hinzusetzen. Haben Sie diesen Trainingsstand erreicht und der Hund zeigt sicher das gewünschte Verhalten, können Sie ein Kommando auf die Handlung legen. Da Sie »Apport!« bereits bei der Bringfreude verwenden, nutzen Sie zum reinen Halten ein Kommando wie »Festhalten!«.

Wenn beides gut klappt, fügen Sie einfach beide Verhaltenweisen aneinander. Der Hund kommt sicher mit dem Dummy auf Sie zu und statt ihm ihn abzunehmen geben Sie das Kommando »Festhalten!«. Somit sitzt der Hund wie gewünscht vor. Mit einer steigenden Zahl von Wiederholungen und gelungenen Ausführungen schleichen Sie das Kommando »Festhalten!« wieder aus.

Die Arbeit mit dem Clicker verlangt von der Trainerin oder dem Trainer ein hervorragendes Gefühl für Timing und die richtige Einschätzung, wie kleinschrittig das gewünschte Verhalten ausgeformt werden muss. Der Hund muss imstande sein, aktiv neue Verhaltensweisen als Lösungsmöglichkeiten anzubieten. Er darf dabei aber nicht ungeduldig und nervös werden.

Der Clicker kann ein hervorragendes Hilfsmittel sein, wenn der Hund bei einer komplexen Aufgabe auf dem Schlauch steht. Wenn Sie aber mit diesem Lernprinzip nicht warm werden, gibt es auch andere Möglichkeiten. Sollten Sie jedoch am Training mit dem Clicker Gefallen finden, dann konditionieren Sie Ihren Hund frühzeitig auf den Clicker und machen ihn mit dem Free-Shaping-Prinzip vertraut. Ältere Hunde tun sich tatsächlich manchmal sehr schwer damit, aktiv Lösungsmöglichkeiten anzubieten, sofern Sie das aus dem vorangegangenen Training nicht gewohnt sind.

Generalisierung und Absicherung

Für den Hund muss in der Einarbeitungsphase klar werden, dass das Nichtbringen des Apportiergegenstands keine Option ist. Dafür ist die lange Leine ein unersetzliches Hilfsmittel. Sie können den Hund daran hindern, mit dem Dummy vor Ihnen weg zu laufen. Ebenso wichtig ist es aber, den Hund schnell unterbrechen zu können, falls er den Dummy liegen lässt und sich anderen Tätigkeiten widmet. So vermeiden Sie, das Apportkommando mehrfach hintereinander vergeblich zu geben, denn das führt langfristig zu einer schlechteren Ausführung der Übung.

Auch wenn es mit verschiedenen Dummys in unterschiedlichen Situationen schon hervorragend funktioniert, können Sie lieber einmal zu viel als einmal zu wenig die Leine am Hund haben. Sobald neue Apportiergegenstände eingeführt werden und andersartige Reizlagen vorhanden sind, kann es zu ungewohnten Reaktionen des Hundes kommen. Je mehr unterschiedliche Apportel und Reizlagen Ihr Hund aber innerhalb des kontrollierten Trainings kennengelernt hat, desto sicherer wird er in der Durchführung des erwünschten Verhaltens. Die Kontrolle kann mehr und mehr entfallen.

Wenn das Apportieren mit einem Gegenstand sicher funktioniert, führen Sie einen weiteren Gegenstand ein. Mit der Zeit können Sie immer mehr verschiedene Apportel einführen, die sich in Umfang, Gewicht, Oberfläche und Haptik voneinander unterscheiden. Der Markt gibt dafür einiges her, aber auch Alltagsgegenstände wie Malerrollen, PET-Flaschen, Wärmflaschen und Ähnliches eignen sich hervorragend. Je mehr Dinge Sie Ihren Hund apportieren lassen, desto selbstverständlicher wird er sich auf Neues einlassen und dabei lernen, seinen Griff individuell an jedes Apportel anzupassen. Üben Sie auf Untergründen mit unterschiedlichem

© Christian Kimpen

Abwechslungsreiche Apportieraufgaben, wie hier über ein Hindernis, festigen die Kompetenz des Hundes.

Bewuchs und lassen den Hund über und um Hindernisse herum apportieren. Auch andere Menschen und Hunde sollte Ihr Hund beim Training gewohnt sein.

Diverse Übungen mit mehreren Dummys eignen sich ebenfalls, um das Apportieren zu festigen und klarzustellen, dass ein einmal gefundener oder aufgenommener Dummy gebracht werden muss.

> **Tipp:**
> Abwechslung im Training ist der Schlüssel zum sicheren Apporteur!

Nutzen Sie steigende Reizlagen, unterschiedliche Apportiergegenstände und wechselnde Umweltbedingungen.

© Ilka Dorn

Apportieren verschiedener Gegenstände – es müssenmüssen nicht immer Dummies sein.

Die Dummyreihe

Bei dieser Übung werden für den Hund sichtig mehrere Dummys in einer Reihe vor ihm ausgelegt. Zu Beginn des Trainings ist der Abstand mit acht bis zehn Metern zwischen den Dummys noch recht groß und wird dann immer kleiner. Starten Sie mit zwei Dummys und steigern schrittweise auf eine beliebige Anzahl. Der Hund wird nun zu den Apporteln geschickt und soll das erste bringen. Überläuft er es, da er einen für ihn interessanteren Dummy ausgemacht hat, wird er auf Kommando gestoppt und in Blickrichtung zum Menschen hingesetzt. Der überlaufene Dummy liegt nun zwischen ihm und dem Hundeführer beziehungsweise der Hundeführerin. Mit dem Kommando »Apport!« und Sichtzeichen zum Dummy soll er diesen nun mitbringen. Alle Dummys werden der Reihe nach apportiert und die Übung in diesem Schwierigkeitsgrad wiederholt, bis keine Korrektur mehr nötig ist. Die Distanz zwischen den Apportiergegenständen und deren Reihenfolge in Hinblick auf die Präferenz des Hundes sind Stellschrauben für den Schwierigkeitsgrad der Übung (Grafik 5):

Korrektur:

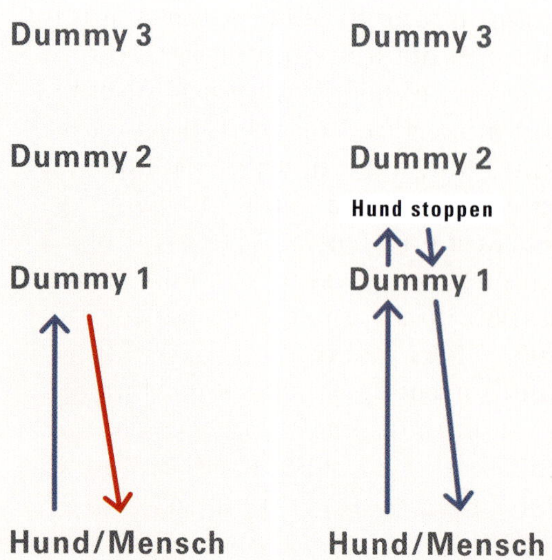

Verleitungen einbauen

Während der Hund einen Dummy apportiert, soll er lernen, sich nicht von weiteren Dummys verleiten zu lassen. Er muss abspeichern, dass das, was einmal aufgenommen wurde, auch zwingend gebracht werden muss. Während Ihr Hund mit einem Dummy auf Sie zukommt, werfen Sie einen zweiten Dummy. Er darf zwar dem geworfenen Dummy hinterherschauen, den ersten aber nicht fallen lassen und soll den Apport zu Ihnen beenden. Sie trainieren auch hier wie immer von reizarm zu reizreich. Wurfrichtung, -weite und -dynamik sind hier die zu beachtenden Faktoren.
Zu Beginn lassen Sie Ihren Hund den ersten Dummy apportieren und werfen den zweiten, während er auf Sie zukommt, nur etwa einen Meter hinter sich. Sollte er sich davon bereits verleiten lassen, können Sie hier noch gut körpersprachlich den zweiten Dummy blockieren. Wiederholen Sie die Übung, bis Ihr Hund in dieser Reizlage sicher ist. Jetzt werfen Sie schrittweise immer weiter und ändern auch den Wurfwinkel langsam in Richtung des Hundes – immer so, dass es klappt. Wenn der Hund dem zweiten Dummy hinterherschaut, ist es kein Problem. Nur im Apportieren darf er sich nicht beirren lassen (Grafik 6):

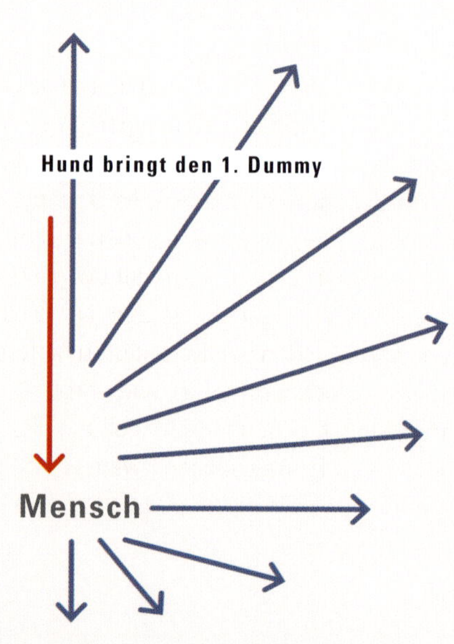

Während der Hund den ersten Dummy apportiert, werfen Sie einen zweiten als Verleitung über ihn hinweg.

Dies sind zwei mögliche Übungen, um das Apportieren zu sichern und zu festigen. Wenn in der Durchführung eine Korrektur nötig ist, ist das durchaus in Ordnung. Danach sollte die Übung in dieser Form aber für den Hund verstanden und machbar sein. Ist eine zweite Korrektur bei gleichem Übungsaufbau notwendig, ist dem Hund nicht klar, was er tun soll. Mehrere Korrekturen hintereinander wirken dann lediglich frustrierend und es wird sich kein Lerneffekt einstellen. Brechen Sie die Übung in diesem Fall auf eine einfachere Variante herunter.

Wildapport

Ist Ihr Hund absolut sicher und routiniert im Apportieren einer Vielzahl unterschiedlicher Dummys, können Sie mit den Vorbereitungen zum Apport von Wild starten. Sofern noch nicht geschehen, ist es sinnvoll, den Hund zunächst an wildähnliche Apportel zu gewöhnen. Dazu gehören Fell- und Federdummys. Letztere lassen sich gut selbst herstellen, indem Sie Schwingen von Federwild mit Kabelbindern oder Gummis um einen herkömmlichen Dummy binden. Um die Reizlage zu erhöhen, können Sie auch Duftstoffe verwenden, die den Dummys eine reale olfaktorische Note geben. Gut eignet sich auch Trockenwild zur Einarbeitung, dass Sie in verschiedenen Ausführungen im Internet bestellen können. Lange Wärmflaschen lassen den Hund die Haptik eines Wildkörpers nachempfinden. Sie sind ähnlich schlabberig und müssen beim Tragen gut ausbalanciert werden. So lernt Ihr Hund, sich auf dieses etwas ungewohnte Gefühl im Fang einzustellen.

Bei den ersten Trainingseinheiten nehmen Sie Ihren Hund wieder an die lange Leine. Lassen Sie ihn sitzen, zeigen Sie ihm das Stück Wild und legen es einige Meter weit aus. Schicken Sie ihn dann wie gewohnt zum Apport. Einige Hunde werden jetzt zugreifen, als hätten sie nie etwas anderes apportiert. Andere Hunde brauchen etwas mehr Unterstützung. Wenn Ihr Hund nicht sofort aufnimmt, werden Sie nicht ungeduldig oder gar grob. Lassen Sie ihm etwas Zeit. Nimmt er auf und will mit dem Wild verschwinden, ziehen Sie ihn mithilfe der Leine heran. Auch wenn er nur zögerlich zupacken will, kann ein Zuppeln an der Leine seine Entscheidung zu greifen beschleunigen. Kommt er auf Sie zu, loben Sie ihn natürlich freudig. Hunde, die das Stück zwar bewinden, dann aber liegen lassen, dürfen ruhig mit etwas Dynamik an den Apport herangeführt werden. Zeigen Sie dem Hund das Wild und machen die Beute durch Bewegungen von ihm weg »lebendig«.

Die letzte Herausforderung – der Apport verschiedener Wildarten

Sobald Ihr Hund Interesse zeigt, werfen Sie es ein wenig weg. Das können Sie ruhig ein paarmal wiederholen, bis Ihr Hund die Hemmungen verliert und das Stück beherzt aufnimmt. Danach beginnen Sie die statischen Apportierübungen aus dem Bleib. Bei Federwild kann es vorkommen, dass der zu vorsichtig aufnehmende Hund plötzlich unzählige Federn im Maul hat und anfängt, irritiert an dem Stück herumzuzupfen. In diesem Fall kann es anfangs helfen, das Stück Wild mit einem Nylonstrumpf oder Jutesack zu umhüllen. Ihr Hund kann auf diese Art den richtigen Griff üben und über Haptik und Geruch die richtigen Verknüpfungen herstellen. Zupfen, Kauen, Knautschen und Werfen von Wild soll natürlich unverzüglich unterbunden werden.

Geben Sie Ihrem Hund aber auch etwas Zeit, sich mit den neuen Objekten vertraut zu machen. Unterbrechen Sie unerwünschtes Verhalten unverzüglich, werden Sie dabei aber nicht unverhältnismäßig wütend. Das kann dazu führen, dass Ihr Hund entweder sein Interesse gänzlich verliert oder durch Ihr überspanntes Verhalten erst recht das Wild für sich beansprucht. Nach einer Unterbrechung starten Sie die Übung komplett neu, denn mehrmaliges Wiederholen des Kommandos »Apport!« ist der Sache nicht dienlich. Schnell wird Ihr Hund wie bei den anderen Apportiergegenständen seine Routine finden.

Schleppen

Eine Schleppe ist eine vom Menschen gezogene Spur mit einem Schleppgegenstand oder Schleppwild. Das wird an eine Schnur gebunden und hinterhergezogen. Am Ende wird es abgelegt und die Schnur entfernt. Die Schleppe simuliert das krankgeschossene Stück Wild, welches vom Anschuss aus flüchtet und Hunderte Meter weiter verendet aufgefunden oder vom Hund gestellt (Schalenwild) beziehungsweise lebend gepackt und apportiert (Raub- und Niederwild außer Rehwild) werden kann. Indem der Hund die Spur des Wildes gezielt verfolgt, kommt er schneller zum Stück als durch eine freie Suche.

Wenn Sie selbst für Ihren Hund die Schleppe ziehen, dann achten Sie darauf, in Verlängerung der Spur zunächst weiterzugehen und dann im weiten Bogen zurück zum Ausgangspunkt zu laufen. So vermeiden Sie es Verleitfährten zu produzieren. Wenn ein Helfer Ihnen die Schleppe zieht, sollte er ebenfalls in Verlängerung der Spur etwa 30 Meter weiter gehen und sich dann verstecken, bis Ihr Hund die Arbeit beendet hat. Schleppen werden nach Möglichkeit mit Nackenwind gelegt, damit sich der Hund gänzlich mit der Nase am Boden orientieren muss und keinen Wind von der Beute bekommt. Das Legen der Schleppen darf der Hund nicht sehen. Die Schleppe hat in der Regel keine Stehzeit und wird unmittelbar nach dem Legen vom Hund ausgearbeitet. Ist Ihr Hund bereits routiniert in der Ausarbeitung von Schleppen, können Sie durchaus zu Trainingszwecken auch Stehzeiten von 15 bis 60 Minuten trainieren.

Ich trainiere die ersten Schleppen immer mit einem Apportiergegenstand, den der Hund bereits gut kennt und problemlos apportiert. So wird am Ende der Spur direkt die richtige Verknüpfung – Aufnehmen und Bringen – gewährleistet.

Auf den Jagdhundeprüfungen werden in der Regel Federwild- und Haarwildschleppen geprüft. Die gebräuchlichsten Wildarten sind dafür Taube, Ente und Fasan (Federwild) sowie Kaninchen (Haarwild). Mit dem Apportieren dieser Wildarten sollte Ihr Hund also vertraut sein.

Die Schleppen sind jeweils zwischen 250 und 350 Meter lang und werden immer nach dem gleichen Muster angelegt. Der Schleppenzieher ist einer der Richter, dem Hund also unbekannt. Nach dem Ziehen der Schleppe geht dieser noch etwa 30 Schritt weiter und verbirgt sich dann hinter einem Baum, Busch, in einem Graben oder Ähnlichem. Ihr Hund sollte also mit fremden Menschen am Ende der Schleppe vor der Prüfung vertraut gemacht werden.

Schleppe ziehen – der Schleppgegenstand, ob Dummy oder Wild, wird an einer Schnur hinterhergezogen.

Die ersten Schleppen

Lassen Sie Ihren Hund im Auto oder leinen ihn in der Nähe an, sodass er Sie beim Legen der Schleppe nicht beobachten kann, Sie ihn aber zügig holen können.

Markieren Sie sich den Startpunkt und reiben Sie den Schleppgegenstand an dieser Stelle mit etwas Druck über den Bogen. So erzeugen Sie eine deutliche Bodenverwundung von etwa 30 x 30 Zentimetern. Wenn Sie etwas mit Fell oder Federn ziehen, dann zupfen Sie auch etwas davon aus und legen es in den »Anschuss«. Laufen Sie mit dem Schleppgegenstand an der Schnur hinter sich los und gehen mit Nackenwind ungefähr 30 bis 40 Meter geradeaus. Lassen Sie den Gegenstand ohne Schnur dort liegen und gehen im weiten Bogen von der Schleppe weg, zurück zum Hund. Mit Ihrem Hund an der zehn Meter langen Leine gehen Sie zum Startpunkt. Zeigen Sie ihm an kurz gehaltener Leine die Bodenverwundung und sagen dabei »Such!«.

Tipp:
In Verbindung mit dem Startritual ist das Kommando »Such!« bei dieser Arbeit vollkommen ausreichend.

Gerne verwendet wird auch »Such Apport!« oder »Such Verloren Apport!«. Dem Hund dürfte allerdings nach wenigen Wiederholungen der Übung bereits klar sein, dass am Ende etwas zu apportieren ist, also wird er schon bei »Such!« unterwegs sein. Wenn sich Ihr Hund nun auf der Spur vorwärts bewegt, geben Sie ihm etwas mehr Leine und laufen hinterher. Geht er von der Spur herunter, bleiben Sie stehen und halten die Leine fest. Weiter geht es erst, wenn er wieder auf der Spur ist. Hier gibt es Naturtalente, die bereits bei den ersten Schleppen sofort wie an der Schnur gezogen zum Ende eilen und ohne weitere Aufforderung das Apportel aufnehmen und bringen. Es gibt aber auch Hunde, die mit der Spur zunächst wenig anfangen können. Das liegt nicht daran, dass Sie sie geruchlich nicht wahrnehmen, sondern weil ihnen noch nicht klar

Ansetzen mit Ablaufleine. Achten Sie auf eine ausreichende Länge.

ist, warum sie der Spur folgen sollten. In diesem Fall gehen Sie mit dem Hund mit und richten Ihre Aufmerksamkeit selbst auf die Spur. Schauen und zeigen Sie dabei auf den Boden. Ihr Hund wird immer wieder interessiert nachschauen, was Sie da machen, und so gelangen Sie gemeinsam zur Beute. Dort ist die Freude natürlich groß, und das Apportel kann, sofern es der Hund nicht selbstständig aufnimmt, auch noch ein Stück geworfen werden. Spätestens nach dem vierten Mal ist die Verknüpfung da, und der Hund hält selbstständig bis zum Ende die Spur.

Sobald Sie merken, dass sich Ihr Hund am Startpunkt direkt auf die nun kommende Arbeit einstellt und mit der Nase am Boden zielgerichtet zur Beute gelangt, verlängern Sie die Übungsschleppen und beginnen leichte Bögen einzubauen. Markieren Sie sich die ersten Male die Stelle, an der Sie den Bogen eingeschlagen haben. Nur so können Sie sicher sein, dass Ihr Hund ihn wirklich ausgearbeitet hat. Nach einigen erfolgreichen, mindestens 100 Meter langen Schleppen mit einem Bogen können Sie dazu übergehen, den Hund frei laufen zu lassen. Sobald Sie sicher sind, dass sich Ihr Hund korrekt auf der Spur befindet, lassen Sie die Leine los. Jetzt wird er natürlich Fahrt aufnehmen und gegebenenfalls den Bogen überlaufen. Nun muss er lernen sich selbst zu korrigieren, um wieder auf die Spur zu kommen. Schafft er das problemlos, steigen Sie in die nächsten Schleppen mit langer Leine ein und lassen diese immer früher los. Gehen Sie nach dem Loslassen der Leine die ersten Male noch langsam auf der Spur hinter dem Hund her, bis er aufgenommen hat. Es gibt Hunde, die es anfangs verunsichert, sich so weit von ihrem Menschen zu entfernen. Indem Sie nachkommen, geben Sie Rückendeckung und Sicherheit. Stellt das kein Problem (mehr) dar, können Sie am Startpunkt stehen bleiben. Hat Ihr Hund die Beute aufgenommen, können Sie sich freuen und sich mit Winken und Klatschen bemerkbar machen. Mit steigender Sicherheit im Training bauen Sie das Zwischenlob mehr und mehr ab.

Tipp:
Wenn Sie beginnen längere Schleppen zu ziehen, dann zählen Sie Ihre Schritte mit oder messen die Länge mithilfe einer Tracking-App.
Es braucht ein wenig Erfahrung, bis Sie die zurückgelegte Strecke sicher einschätzen können.

Das Ansetzen

Jetzt müssen Sie dazu übergehen, den Hund komplett unangeleint auf der Schleppe laufen zu lassen. Zum sicheren Ansetzen können Sie nun eine sogenannte Ablaufleine verwenden. Das kann eine einfache Schnur sein oder ein Leinensystem mit Öse. Die Schnur wird lose durch die Halsung gefädelt und Sie halten beide Enden in der Hand. Die Schnur sollte so lang sein, dass Sie bequem einen Meter hinter Ihrem Hund stehen können, wenn er die Nase am Boden hat. Mit einer zu kurzen Ablaufleine hängen Sie förmlich über Ihrem Hund und stolpern unkontrolliert hinterher, sobald er die Schleppe annimmt. Lassen Sie den Hund gut drei Meter vor dem »Anschuss« sitzen und legen die Ablaufleine an. Mit den Enden in der Hand bringen Sie den Hund zum Anschuss und gehen einige Meter mit. Sobald er sich »festgesaugt« hat, geben Sie ihn frei, indem Sie ein Ende der Leine loslassen.

Genauso gehen Sie übrigens auch auf der Hasenspur vor, sofern Sie diese mit Ihrem Hund zu Prüfungszwecken arbeiten müssen. Die Arbeit auf der Schleppe und das dazugehörige Ansetzen ist eine gute Übung, um den Hund spursicher zu machen und das Ansetzen zu ritualisieren.

Es gibt aber auch Hunde beziehungsweise Hundeführerinnen und Hundeführer sowie Prüfungen, bei denen das Ansetzen mit Leine unerwünscht ist oder eher behindert statt zu helfen. Sie können ab einem Trainingsstand mit hoher Spursicherheit Ihren Hund auch anders ansetzen:

- den Hund in Fahrtrichtung der Spur mit der Nase im Anschuss ablegen und ihn dann mit Kommando loslaufen lassen;
- ihn zwei Meter vorher sitzen lassen, selbst zum Anschuss gehen, darauf zeigen und ihn dann mit Kommando heranholen und laufen lassen;
- den Hund den Anschuss auch frei suchen lassen (das ist mit Sicherheit die Variante, die der Jagd am nächsten ist).

Der Hund wird mit der Nase am Anschuss abgelegt und geschickt, sobald er den Geruch aufgenommen hat.

Schwierigkeitsgrad erhöhen und starre Schemata vermeiden

Die klassische Prüfungsschleppe ist bis zu 350 Meter lang und beinhaltet zwei stumpfe Bögen (Grafik 7):

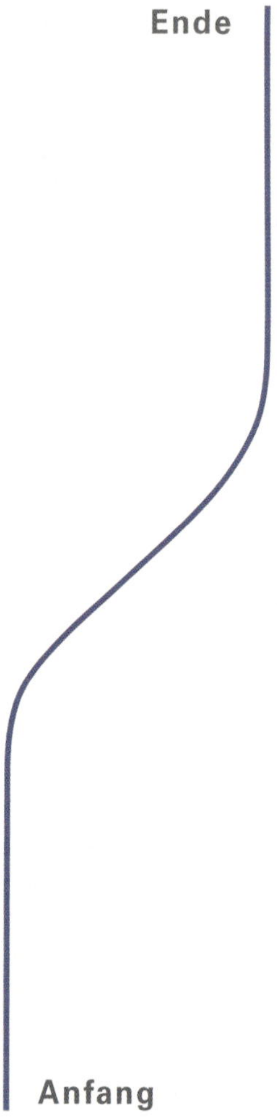

Dieses Schema prägen sich die Hunde sehr schnell ein. Das kann dazu führen, dass die Vierbeiner von der Spur ablassen, nach vorne prellen und im hinteren Bereich der Spur eine freie Suche beginnen. Ungünstigerweise kommen sie dann auf diesem Weg zum Erfolg. Um dies zu verhindern, legen Sie die Schleppen variabler. Die Zahl und die Winkel der Bögen können ebenso variieren wie die

Form selbst. Legen Sie auch mal ein L oder ein U. Vermeiden Sie dabei aber, dass Ihr Hund Wind von parallel laufenden Schleppenabschnitten oder Ihrer Rückspur bekommen kann, sofern Sie selbst die Schleppe gelegt haben.

Legen Sie Schleppen auch auf unterschiedlichem Bewuchs, im Feld, auf Wiesen und im Wald. Geländeübergänge, Gräben oder andere Hindernisse dürfen ebenfalls auf der Schleppe vorkommen. Vergessen Sie nicht die Gewöhnung an unterschiedliche Schleppenzieher, die sich am Ende der Schleppe hinter Bäumen oder Büschen verstecken oder in einen Graben legen. Wird ein Schleppenzieher vom Hund entdeckt, sollte er sich dem Vierbeiner gegenüber immer neutral verhalten, also ihn nicht ansprechen, anstarren oder gar anfassen.
Denken Sie auch daran, den Hund daran zu gewöhnen, dass andere Leute hinter Ihnen stehen, wenn er mit dem Apportel zu Ihnen zurückkommt. Hunde, die das auf einer Prüfung zum ersten Mal erleben, können mitunter sehr unerwünscht reagieren. Trainieren Sie auch Stehzeiten von 15 bis 30 Minuten. Sie können auf der Schleppe außerdem zwei Gegenstände ziehen, den ersten ablegen, den zweiten 50 Meter weiterziehen und dahinter ablegen. So können Sie trainieren, Ihren Hund ein zweites Mal auf derselben Spur anzusetzen. Je nach Prüfung ist ein zweites oder drittes Ansetzen möglich, sofern der Hund am Ende nicht gefunden hat. Viele Hunde lassen sich aber gar nicht ein zweites Mal sauber ansetzen, da sie nie die Erfahrung gemacht haben, dass ein weiteres Mal auf derselben Spur noch etwas zu holen ist.

Hund arbeitet die Schleppe ohne Leine.

Freiverlorensuche

Bei der Freiverlorensuche auf den Prüfungen muss der Hund ein Stück Federwild finden, welches in Schrotschussentfernung (circa 30 Meter) in ein Feld mit hoher Deckung ausgebracht wird. Das simuliert die klassische Feldjagd, bei der der Hund unter der Flinte der Hundeführerin oder des Hundeführers sucht. Kommt diese/r zum Schuss auf ein aufsteigendes Stück Federwild, wird es in entsprechender Entfernung herunterfallen. Hat der Hund das Fallen nicht beobachtet, kann er aber direkt in die Suche geschickt werden. Abgesehen von der jagdlichen Praxis ist das freie Suchen eine hervorragende Möglichkeit, den Hund gleichzeitig körperlich und geistig auszulasten. Das Ausbringen darf der Hund nicht sehen. Der Hundeführerin oder dem Hundeführer wird die grobe Richtung angezeigt, sie beziehungsweise er soll den Hund dann zur Suche schicken. Der Hund darf während der Suche wenn nötig mit Richtungsanweisungen unterstützt werden. Dabei dürfen die Hundeführerinnen beziehungsweise -führer auch das Suchengebiet betreten.

Im Gegensatz zur Schleppe wird die Freiverlorensuche mit Gegenwind gearbeitet. So kann der Hund mit einer planvollen Suche gegen den Wind rasch die gesuchte Beute finden. Das Suchengebiet umfasst etwa 50 x 50 Meter (Grafik 8):

Bei der Verlorensuche arbeitet der Hund schnell und mit hoher Nase gegen den Wind.

Zunächst müssen Sie das Kommando »Such!« in Verbindung mit dem Startritual für die freie Suche etablieren. Dazu beginnen Sie mit einem Suchengebiet von 10 x 10 Metern. So kommt der junge unerfahrene Hund schneller zum Erfolg und wird nicht frustriert. Werfen Sie sichtig für den neben Ihnen sitzenden Hund einen Dummy in höheren Bewuchs, und zwar so, dass er optisch verschwindet. Zeigen Sie dann in die Richtung der Fläche und schicken Sie den Hund mit »Such Apport!« los. Das »Apport!« können Sie mit der Zeit weglassen, wie bereits gesagt. Jetzt steigern Sie schrittweise die Anzahl der sichtig ausgeworfenen Dummys auf bis zu fünf (zehn). Lassen Sie Ihren Hund den ersten apportieren und schicken ihn dann mit »Such!« wieder ins Suchengebiet. So trainieren Sie den unmittelbaren Reiz des sichtig ausgeworfenen Apportels ab. Ihr Hund lernt darauf zu vertrauen, dass auch ein zweites, drittes oder gar zehntes Mal auf Ihr Kommando hin etwas zu finden ist. Achten Sie darauf, die Apportel gut auf der Fläche zu verteilen, damit Ihr Hund das Gebiet vollständig absucht. Wenn das gut klappt, vergrößern Sie ungefähr in Zehn-Meter-Schritten das Suchengebiet.

Im darauffolgenden Trainingsschritt lassen Sie den Hund nicht mehr zuschauen, wie die Apportel ausgebracht werden. Versuchen Sie auch die Fläche dabei nicht zu betreten, indem Sie die Apportiergegenstände von außen hineinwerfen. So vermeiden Sie, dass sich Ihr Hund bei der Suche an Ihrer Fährte orientiert.

Einweisen des Hundes

Das Einweisen des Hundes auf große Distanzen kommt ursprünglich aus dem Retriever-Training und wird dort in höchster Perfektion und Genauigkeit betrieben. Hierbei weiß der Hund nicht, wo sich das Apportel befindet, Ihnen ist die Stelle allerdings bekannt. Sie können Ihren Hund natürlich einfach suchen lassen. Wenn Sie ihn aber auf die Fallstelle einweisen können, kommen Sie derart kooperierend schneller ans Ziel. Eventuell krankgeschossenes Wild kann so schneller erlöst werden. Um dem Jagdhund wertvolle Hilfen geben zu können, sollten Sie dazu einige Übungen ins alltägliche Training mit einfließen lassen, damit Sie ihn erfolgreich voran, nach rechts, nach links und zurück schicken können.

Alle Übungen beginnen Sie mit sichtig ausgelegten Dummys und kurzen Distanzen. Der Schwierigkeitsgrad wird – wie immer – schrittweise erhöht.

Voran

Sie richten Ihren Hund in eine Richtung aus und lassen ihn dann mit dem Kommando »Voran!« geradeaus laufen. Er soll so lange diese Richtung annehmen, bis er etwas findet oder ein anderes Signal von Ihnen bekommt. Setzen Sie sich zu Beginn eine Markierung, auf die Sie den Hund schicken. Das kann ein Stab sein oder auch eine natürliche Markierung wie ein Baum oder Busch. Setzen Sie Ihren Hund etwa zehn Meter davor ab und legen Sie einen Dummy an die Markierung. Wenn Sie zu Ihrem Vierbeiner zurückgekehrt sind, ist das A und O zunächst das exakte Ausrichten. Die Wirbelsäule des sitzenden Hundes sollte genau in der Flucht zur Markierung ausgerichtet sein. Dann stellen Sie sich seitlich schräg hinter den Hund und halten die Handfläche der rechten Hand wie einen Pfeil über seine Nase oder rechts neben seinen Kopf. Warten Sie, bis er ruhig sitzen bleibt und geradeaus zur Markierung schaut. Dann geben Sie das Kommando »Voran!« und setzen die ersten Male ruhig noch ein »Apport!« hinterher. Letzteres lassen Sie mit steigendem Trainingsstand weg. Auf die kurze Distanz und sichtig wird der Hund geradeaus laufen und den Dummy holen. Der Anfang zur Etablierung des Kommandos ist gemacht.

Jetzt bleiben Sie bei der Distanz von zehn Metern und legen mehrere Dummys an die Markierung. Sie schicken den Hund wieder voran und während er zur Markierung läuft, gehen Sie langsam etwa vier Schritte rückwärts. Hat Ihr Hund das erste Apportel gebracht, richten Sie ihn von Ihrem neuen Standort aus auf die gleiche Markierung aus und schicken ihn erneut voran. Das Rückwärtslaufen wiederholen Sie jedes Mal, sodass Sie Ihre Entfernung zur Markierung immer weiter erhöhen. Irgendwann wird der Punkt kommen, an dem Ihr Hund nicht mehr schnurgerade zur Markierung läuft, sondern anfängt zu bögeln. An diesem Punkt müssen Sie die Distanz wieder verringern. Läuft Ihr Hund trotz verringerter Entfernung nach mehrmaligem Schicken nicht mehr geradeaus, geben Sie ihm eine Hilfestellung, indem Sie erneut zur Markierung gehen und dort einen Dummy sichtig hochheben und wieder hinlegen.
Das mehrmalige Schicken hintereinander, ohne dass Ihr Hund jedes Mal aufs neue beobachtet, wie Sie den Dummy auslegen, führt dazu, dass er Ihrem Kommando vertraut und langfristig keinen sichtbaren Reiz mehr braucht um voran zu laufen.
Haben Sie sich im Training eine Distanz von gut 20 Metern erarbeitet, können Sie weitere Übungen zu diesem Thema einbauen, um das Voran zu verbessern und zu festigen (Grafik 9):

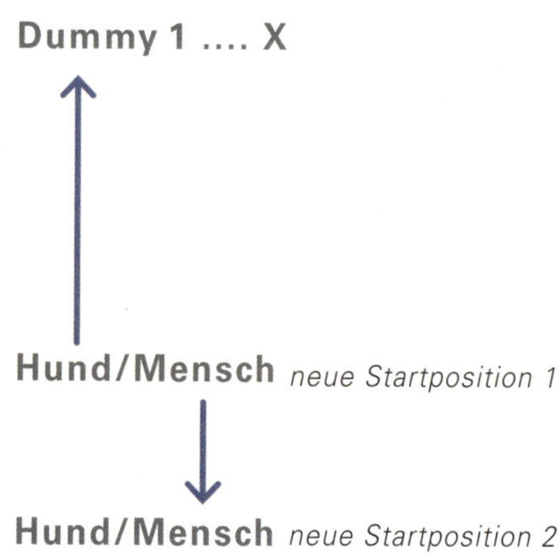

© Fotos: Tanja Dautzenberg

Die Hand ruht zum Voranschicken entweder seitlich neben dem Kopf des Hundes oder weit vorne über dem Kopf.

Dummyreihe

Bei der Dummyreihe liegen die Dummys im Abstand von etwa fünf Metern in einer Reihe in Flucht zur Markierung. Der Startpunkt wird beibehalten und die Distanz erhöht sich über die Reihe. Der hinterste Dummy wird zuerst ausgelegt, der vorderste zuletzt. Für diese Übung sollte Ihr Hund bereits das Stoppsignal gut beherrschen, damit Sie ihn korrigieren können, falls er einen Dummy überläuft. Ist das der Fall, stoppen Sie ihn und fordern über den Zwischenapport das Bringen des überlaufenen Dummys ein (Grafik 10):

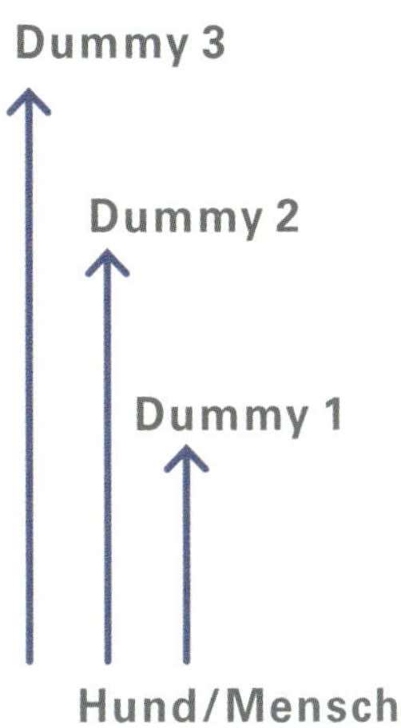

Es gibt noch unzählige weitere Übungen und Kombinationen aus verschiedenen Übungen, um das Voran nachhaltig zu trainieren.

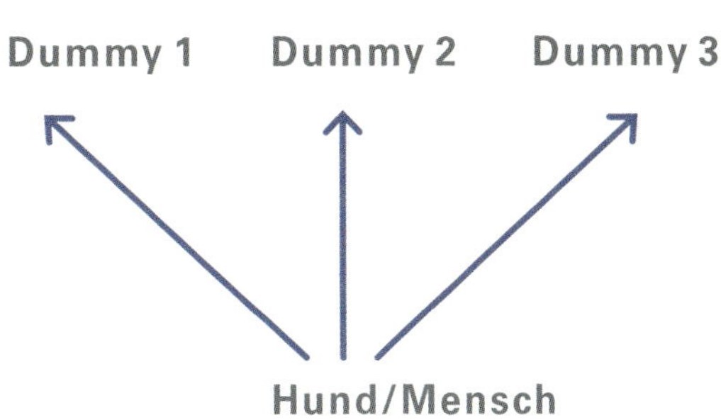

Bei der in Grafik 11 dargestellten Dummyfächer kommt es auf das korrekte Ausrichten an. Je weiter die Dummys auseinander liegen, desto einfacher ist die Übung. Hier gilt die Regel, sobald der Hund bögelt, erneut zum Dummy zu gehen und ihn sichtig in Erinnerung zu bringen. Es können natürlich auch mehrere Apportel auf eine Stelle gelegt und diese in Reihe abgelegt werden.
Auch bei der Übung aus Grafik 12 ist das jeweils korrekte Ausrichten des Hundes wichtig:

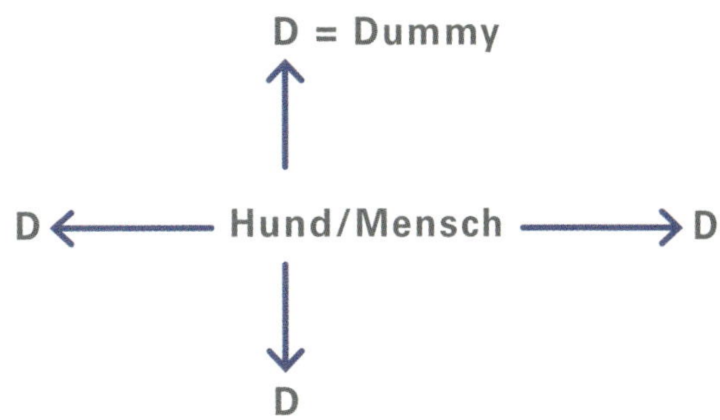

Denken Sie immer daran: Bei den Übungen zum Voran geht es in erster Linie um das zielgerichtete Geradeauslaufen. Achten Sie also penibel darauf, dass der Hund nicht ins Bögeln gerät und dabei eher suchend den Dummy findet. Wenn Sie eine Distanz von 40 Metern mit Markierung erreicht haben, können Sie beginnen, auf kürzere Distanz die Markierungen wegzulassen. Merken Sie sich dann einen markanten Punkt am Horizont, in dessen Flucht der Dummy liegt, damit Sie den Hund genau ausrichten können.

Jetzt erarbeiten Sie sich wieder schrittweise eine größere Entfernung. Im nächsten Schritt lassen Sie Ihren Hund beim Ausbringen der Dummys nicht mehr zusehen.

Tipp:
Gestatten Sie dem Hund nach circa 40 Metern selbstständig in eine freie Suche überzugehen.
Das ist zumindest jagdlich gesehen praxisnah. Wer allerdings tiefer in die Materie des Dummysports eintauchen will, kann auf größere Distanzen hinarbeiten und einen Suchenpfiff aufbauen.

Das korrekte Handzeichen, um den Hund zur Seite zu schicken. Strecken Sie den Arm ungefähr im 90-Grad-Winkel zur Seite aus.

Rechts/Links

Auch das Schicken nach rechts und links bauen Sie zunächst sichtig und auf kurze Distanzen auf. Die Distanzen betragen anfangs ungefähr fünf Meter. Der Hund sitzt Ihnen gegenüber und Sie schauen sich gegenseitig an. Der Dummy befindet sich auf Höhe des Hundes (Grafik 13):

Hund ⟶ **Dummy**

Mensch

Das ist wichtig, da sich der Hund einprägen soll, in der Tiefe des Geländes zu bleiben. Er findet den Dummy also immer nach einer 90-Grad-Wende. Ihr Handzeichen dazu ist der ebenfalls im 90-Grad-Winkel erhobene Arm. Sie zeigen also nicht zum Dummy, sondern neben sich.
Das ist wichtig, damit Ihr Hund auch auf größere Entfernung Ihre Richtungsanweisung anhand Ihrer Silhouette erkennen kann.

Auf Ihr Kommando »Apport!« soll der Hund nun zum Dummy laufen. Manche Hunde reagieren aufgrund der ungewohnten Konstellationen bei den ersten Malen etwas verzögert. Sollte er mit einem großen Fragezeichen über dem Kopf sitzen bleiben, motivieren Sie ihn ruhig weiter sich dem Dummy zuzuwenden. Dabei können Sie seitlich in die entsprechende Richtung gehen. Sobald der Hund aufsteht und wendet, wird er den Dummy sehen und darauf zu laufen. Das Sichtzeichen ist übrigens später auf größere Distanz das einzige Kommando, denn ab einer gewissen Entfernung können und möchten Sie dem Hund kein verbales Signal mehr entgegenbrüllen.
Ab zehn Metern können Sie auch wieder mit einer Markierung als Hilfe arbeiten. Sie können mehrere

Dummys auf die Markierung legen oder auch eine Reihe nach rechts oder links legen. Bringen Sie den Hund nach jedem erfolgreichen Bringen wieder in seine Ausgangsposition und stellen Sie sich ihm gegenüber. Wie beim Voran wird die Distanz langsam gesteigert und die Markierung abgebaut.

Um »Rechts« und »Links« zu verdeutlichen, können Sie beide Richtungen gleichzeitig üben. Dafür legen Sie einen Dummy rechts und einen links vom Hund aus. Wenn Sie mit gleichwertigen Apporteln arbeiten, ist der zuletzt ausgelegte in der Regel der einfachere für den Hund, da dieser noch frischer im Gedächtnis ist (Grafik 14):

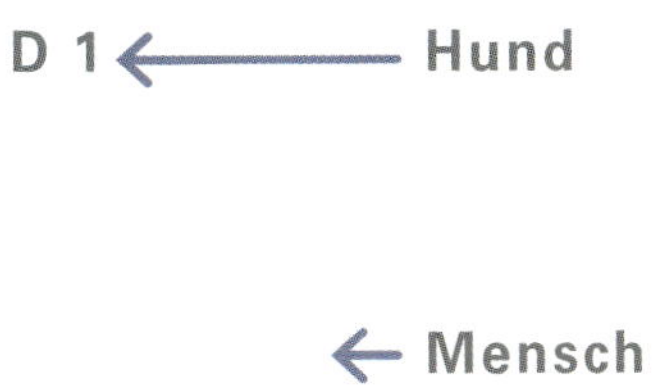

Üben Sie auch das zunächst mit kurzen Distanzen und steigern schrittweise Distanz und Menge der ausgelegten Dummys. Sollte Ihr Hund den falschen Dummy ansteuern, stoppen Sie ihn, setzen ihn wieder in die Startposition, heben den gewünschten Dummy noch mal an und schicken den Hund erneut dorthin. Wenn er nicht zu stoppen ist, dann lassen Sie sich einfach den falschen Dummy bringen, nehmen ihn kommentarlos ab und bauen die Übung erneut mit den notwendigen Hilfen von vorne auf. Sie können zum Beispiel Dummy 1 näher an den Hund legen als Dummy 2. Eine weitere Hilfe geben Sie, indem Sie Ihre eigene Position leicht in die gewünschte Richtung verlagern und beim Kommando »Apport!« seitlich in die Richtung mitgehen (Grafik 15):

Nach hinten schicken

Wenn Sie Ihrem Hund per Handzeichen signalisieren wollen, dass er wieder weiter von Ihnen weg nach dem Dummy suchen soll, ist es hilfreich, wenn er Ihr Handzeichen für »Nach hinten!« versteht. Dabei soll er sich umdrehen und wieder in die andere Richtung suchen. Über ein konkretes Einweisen nach hinten können Sie dieses Handzeichen etablieren.
Setzen Sie dazu Ihren Hund wieder hin und legen Sie einen Dummy sichtig etwa fünf Meter hinter ihn. Sie selbst stellen sich wieder dem Hund gegenüber. Heben Sie nun den Arm und machen eine Bewegung, als wollten Sie etwas über den Hund werfen. Dabei geben Sie das Kommando »Apport!«. Sie können auch ein Kommando wie »Back!« aufbauen, aber wie bereits erwähnt gilt auf große Distanz dann ohnehin alleine das Sichtzeichen. Dreht sich der Hund nun um 180 Grad, sieht er direkt den Dummy und lernt, sich auf das Sichtzeichen umzudrehen. Sollte der Vierbeiner auch hier wieder mit dem Fragezeichen über dem Kopf sitzen bleiben, können Sie langsam auf ihn

Das korrekte Handzeichen, um den Hund nach hinten zu schicken.

zugehen und die imaginäre Wurfbewegung wiederholt ausführen. Mit den Wiederholungen wird der Groschen bald fallen. Jetzt können Sie wieder Distanz und Anzahl der Dummys erhöhen und sich dabei die Markierung als Hilfe setzen (Grafik 16):

Dummy

↑

Hund

Mensch

Tipp:

Werden Sie selbst kreativ!

Wenn Sie und Ihr Hund am Einweisen große Freude haben, gibt es unzählige Möglichkeiten, die Übungen miteinander zu kombinieren. Hier alle aufzuzählen würde den Rahmen dieses Buches sprengen. Werden Sie selbst kreativ oder schauen Sie sich auf dem Markt der weiterführenden Literatur zum Thema Dummytraining um.

© Ilka Dorn

Wassergewöhnung mit Hilfe der Reizangel

Wasserarbeit

Die Wasserarbeit stellt einen nicht unwesentlichen Teil der Jagdhundearbeit dar. Der Hund soll nicht nur sichtig aus dem Wasser heraus apportieren, sondern vor allem den Willen und die Ausdauer besitzen, das Gewässer und umliegendes Schilf oder anderen Bewuchs planvoll nach erlegtem oder auch krankgeschossenem Wild abzusuchen. Doch am Anfang aller Wasserarbeit steht die Wassergewöhnung.

Hunde können zwar schwimmen, nur wissen sie es in aller Regel noch nicht, wenn es zum ersten Mal ans Wasser geht. Auch der Schwimmstil und die Sicherheit müssen sich mit der Zeit entwickeln. Abgesehen von der jagdpraktischen Notwendigkeit, dem Hund das Schwimmen beizubringen, bietet die Wasserarbeit eine tolle Möglichkeit, den Hund in den immer länger und heißer werdenden Sommermonaten sinnvoll zu beschäftigen. Auch alte Hunde können noch bis ins hohe Alter geistig und körperlich sehr vom Schwimmen profitieren.

Auf den jagdlichen Hundeprüfungen wird die Wasserarbeit immer in einer bestimmten Reihenfolge abgearbeitet. Am Anfang wird die Schussfestigkeit des Hundes am Wasser geprüft. In Nordrhein-Westfalen beispielsweise legen die Richtlinien Folgendes fest:

»Eine tote Ente wird, für den Hund sichtig, möglichst weit in das offene Wasser geworfen und der Hund zum Bringen aufgefordert. Der Hund muss (ohne weitere Hilfen, z. B. Steinwurf) innerhalb ca. einer Minute nach dem ersten Ansetzen das Wasser annehmen. Während er auf die Ente zu schwimmt, gibt der Führer oder im Ausnahmefall ein sonstiger Berechtigter einen Schrotschuss auf das Wasser in Richtung der Ente ab. Der Hund muss die Ente selbständig (ohne Einwirkung des Führers bei Fehlverhalten des Hundes) bringen. Totengräber, Anschneider und hochgradige Knautscher können die Prüfung nicht bestehen. Ein Hund, der hierbei versagt, darf nicht weiter geprüft werden.«

Quelle:Richtlinien zur Feststellung der Brauchbarkeit von Jagdhunden im Land Nordrhein-Westfalen, gültig ab 12.08.2015.

Das wird in dieser oder ähnlicher Form in allen Ländern gefordert. Ist dieser Teil geschafft, erfolgt die Verlorensuche im deckungsreichen Gewässer. Dabei wird eine tote Ente für den Hund nicht sichtbar in eine Deckung geworfen. Zum Auffinden der Ente sollte der Hund mindestens

30 Meter über eine Wasserfläche schwimmen müssen. Er soll die Ente selbstständig suchen, darf aber von der Hundeführerin beziehungsweise dem Hundeführer unterstützt werden.

Je nach Bundesland erfolgt als letztes Fach die Arbeit an der lebenden Ente, in NRW beispielsweise heißt dieser Prüfungsteil »Stöbern mit Ente im deckungsreichen Gewässer«. Dabei kann es sich um eine flugfähige oder auch mit einer Papiermanschette kurzfristig flugunfähig gemachte Stockente handeln. Diese wird nicht sichtig für den Hund in eine Deckung gesetzt. Über Wasser soll der Hund sie aufstöbern und deren Schwimmspur ausarbeiten. Sofern die Ente bei der Arbeit geschossen werden kann, soll der Hund sie apportieren. Kann die Ente fliehen und die Arbeit des Hundes konnte ausreichend beurteilt werden, wird ihm eine tote Ente zum Apport ins Wasser geworfen.

Hinweis:
Die Ausbildung und Prüfung mit lebenden Enten ist aus Tierschutzgründen umstritten.
JGHV und DJV halten sie für zwingend erforderlich, der ÖJV hingegen verzichtet in seinen Brauchbarkeitsprüfungen ganz darauf. Bitte schauen Sie sich also die für Sie geltende Prüfungsordnung an, bevor Sie mit der Ausbildung beginnen.

Sie sehen, es ist einiges zu üben, bis Sie mit Ihrem Hund die Prüfungsreife zur Wasserarbeit erreicht haben.

Die Verlorensuche im Wasser ist eine anspruchsvolle Arbeit für den Hund.

© Tanja Dautzenberg

Wassergewöhnung

Beginnen sollten Sie mit der Wassergewöhnung so früh wie möglich, also sobald die Temperaturen es zulassen. Bedenken Sie, dass Sie zur Unterstützung eventuell selbst mit ins Wasser gehen müssen, und sei es auch nur mit den Beinen. Und ein frierender Hund verliert schnell die Freude am Wassersport. Je nachdem, wann Ihr Hund gewölft wurde, steigen Sie also mit ihm im Alter von wenigen Wochen bis Monaten ins Wassertraining ein. Wählen Sie dazu ein stehendes Gewässer mit flachem Einstieg. Selbst wenn Ihr Hund so mutig ist und sich spontan in die Fluten stürzt und drauflos schwimmt, kann es äußerst kontraproduktiv sein, wenn er heraus will und es aufgrund eines steilen Uferbereichs nicht schafft.

Aber wie bringen Sie nun einen Hund zu Wasser, der die Bodenhaftung unter den Pfoten nur ungern verlieren möchte?

Über den Beutetrieb überwinden die meisten Hunde schnell ihre Bedenken, um an das begehrte Objekt zu kommen. Dazu können Sie zum Beispiel eine Entenschwinge an der Reizangel nutzen. Sie kann nicht abtreiben und der Bewegungsreiz ist für den Hund eine zusätzliche Motivation, sich ein Herz zu fassen und der flüchtenden Beute zu folgen.

Abgesehen von der Reizangel können Sie natürlich auch einen begehrten schwimmfähigen Dummy benutzen. Befestigen Sie ihn aber an einer

Schnur, damit Sie ihn wieder herausfischen können, falls es nicht auf Anhieb mit dem Schwimmen klappt.

Werfen Sie das Apportel zunächst nur so weit ins Wasser, dass Ihr Hund es mit langem Hals und einem knappen Abstoßen mit den Vorderpfoten erreichen kann. Wiederholen Sie das so lange, bis Sie den Eindruck haben, Ihr Hund denkt kaum noch darüber nach, wie weit er hineingehen kann. Dann werfen Sie es so weit, dass ein kompletter Schwimmzug mit allen vier Pfoten paddelnd nötig ist, um an das Apportel zu kommen. Wenn Sie so weit sind, geht es Meter für Meter weiter voran. Es kann einige Trainingseinheiten dauern, bis der Knoten platzt. Verlieren Sie dabei nicht die Geduld, sondern bleiben Sie stetig am Ball. Traut sich der Hund nicht weiter ins Wasser, dann machen Sie zur Auflockerung und Motivation wieder ein paar Apportiereinheiten im Uferbereich und anschließend wieder im Wasser. Irgendwann ist der Bann gebrochen und der Hund realisiert, dass er tatsächlich schwimmen kann.

Bitte schubsen oder drängen Sie den Hund nicht ins Wasser! Dies mag der eine oder andere Hund verpacken können, doch in diesem Fall wird er das Element Wasser immer erst mit einem negativen Erlebnis verbinden. Hunde, die mit Wasser prägende schlechte Erfahrungen gemacht haben oder über Jahre hinweg nie geschwommen sind, lassen sich oft mit noch so vielen Tricks nicht dazu bewegen, die Füße vom Boden zu nehmen. In einem solchen Fall können Sie mit dem Hund zusammen ins Wasser gehen. Lassen Sie ihn anfangs nur im Wasser stehen. Dabei loben und füttern Sie ihn und greifen dabei unter seinen Bauch. Sobald er keine Hemmungen mehr zeigt, Ihnen ins Wasser zu folgen, heben Sie ihn unter dem Bauch an, sodass er keinen Boden mehr unter den Füßen hat. Sie sichern ihn weiter ab und füttern, lassen ihn aber nach wenigen Sekunden wieder herunter.

Im Zweifelsfall müssen Sie den Hund im Wasser aktiv unterstützen.

Schwimmwesten können Sicherheit geben und den Schwimmstil am Anfang verbessern.

Hat sich der Hund an dieses Prozedere gewöhnt, wird der Zeitraum des Wassertretens immer weiter verlängert. Jetzt gehen Sie mit dem Hund unter dem Arm noch ein Stückchen weiter ins Wasser. Dabei sind Sie immer dem Uferbereich zugewandt. Nehmen Sie nun die Hand unter seinem Bauch langsam weg, sodass er ungefähr einen Meter bis zum Ufer schwimmen muss. Sie folgen ihm jedes Mal zum Ufer und gehen gemeinsam mit ihm wieder hinein. Wenn das entspannt funktioniert, können Sie sich immer weiter mit dem Hund vom Ufer entfernen und somit die Schwimmstrecke verlängern.

> **Tipp**:
> Mit einer Schwimmweste geben Sie Ihrem Hund mehr Sicherheit.

Das hat zusätzlich den Vorteil, dass Sie ihn statt unter dem Bauch bequem am oberen Haken der Weste festhalten und unterstützen können.
Schwimmt Ihr Hund stressfrei drei bis vier Meter ans Ufer zurück, können Sie ihm einen Dummy anbieten, den er unterwegs zum Ufer greifen und anlanden kann. In den nächsten Schritten werfen Sie den Dummy ein Stückchen seitlich und dann weiter vom Ufer weg. Jetzt sollten Sie so weit sein, ihn vom Ufer aus ins Wasser schicken zu können (Grafik 17):

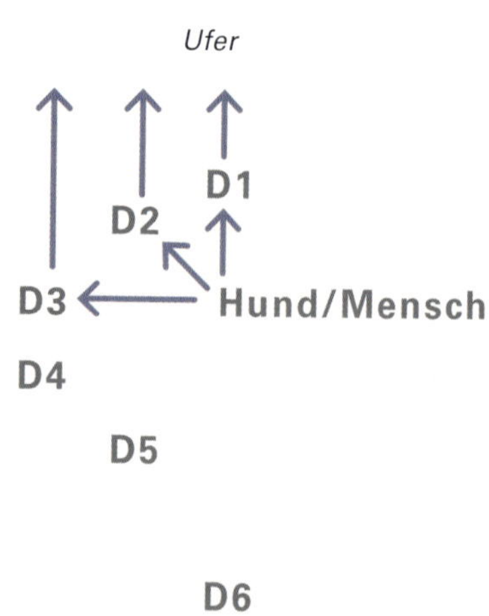

© Ilka Dorn

Die Wasserarbeit ist anspruchsvoll. Nicht nur schwimmen will gelernt sein, sondern auch das Schicken, Suchen und die korrekte Abgabe.

Apport am Wasser

Zur Wassergewöhnung haben Sie sich das Apportel bereits zunutze gemacht, aber wahrscheinlich auf die Feinheiten noch nicht geachtet. Bevor Sie mit dem Apportieren aus dem Wasser beginnen, sollten die Grundlagen an Land bereits gut gefestigt sein, das heißt Ihr Hund sollte den Dummy ohne Wenn und Aber auf direktem Wege bringen und mindestens sicher in die Hand abgeben. Das Vorsitzen und Halten muss auch erst an Land problemlos klappen, bevor Sie es nach dem Wasserapport verlangen können.

Eines der am häufigsten auftretenden Probleme besteht darin, dass Ihr Hund sich dem Drang sich zu schütteln hingibt, sobald er aus dem Wasser steigt, noch bevor er Ihnen den Dummy übergeben hat.

Der Trick dabei ist, dem Hund zuvorzukommen und ihn dann bewusst zum Schütteln zu animieren.
In den ersten Trainingseinheiten sollten Sie erst einmal auf das Vorsitzen verzichten und sich auf die direkte Abgabe in die Hand konzentrieren.
Stellen Sie sich ganz nah an den Uferbereich und locken Ihren Hund mit dem Dummy zu sich heran.

Korrekte Abgabe aus dem Wasser. Der Hund sitzt vor und schüttelt sich erst nach der Abgabe.

Noch bevor er sich schütteln kann, nehmen Sie ihm das Apportel ab, gehen einen Schritt zurück und sobald er beginnt sich zu schütteln, sagen Sie »Schütteln!« und machen dabei eine schüttelnde Handbewegung mit der gespreizten Hand. Jetzt können Sie loben und belohnen. Schrittweise steigern Sie nun die Strecke über Land, die der Hund zu Ihnen zurücklegen muss. Dabei können Sie nah am Ufer stehen und dann rückwärts gehend Distanz aufbauen, sobald Ihr Vierbeiner ans Ufer tritt. Sollte Ihr Hund die Strecke nicht schaffen und sich dennoch schütteln, dabei eventuell sogar den Dummy fallen lassen, können Sie ruhig ein »Nein!« vernehmen lassen. Lassen Sie sich anschließend den Dummy ordentlich in die Hand geben. Belohnt wird aber nicht. Seien Sie im folgenden Durchgang gewappnet und minimieren wieder die Distanz, sodass die Übung gelingt. Sobald Ihr Hund gute fünf Meter über Land zu Ihnen läuft und ohne zu schütteln sauber abgibt, beginnen Sie das Vorsitzen einzufordern – vorausgesetzt natürlich, es funktioniert an Land hervorragend.

Lassen Sie nun Ihren Hund immer längere Strecken schwimmen und auch längere Strecken über Land zu Ihnen laufen.

© Fotos: Ilka Dorn

Der Helfer schießt noch nicht auf die Wasserfläche, während der Hund in Richtung des Dummies schwimmt.

Schussfestigkeit am Wasser

Dieses Fach ist mit äußerster Sensibilität im Training anzugehen. Bei kaum einem anderen Fach kann ein Fehler – in der Regel durch zu forsches Vorgehen – so nachhaltig problematisch sein wie bei der Schussfestigkeit am Wasser. Grundvoraussetzung sollte eine absolute Schussfestigkeit des Hundes an Land und eine absolute Schwimmsicherheit sein. Der Schuss auf die Wasseroberfläche ist ganz anders zu bewerten als der Schrotschuss an Land. Der Schuss erfolgt relativ nah am und über dem Hund, der Schall über der Wasserfläche ist ein anderer und von der Wasseroberfläche abprallende Schrotkörner sorgen für eine zusätzliche Geräuschkulisse.

Schießen Sie pro Trainingseinheit nicht mehr als zwei- bis maximal viermal und schließen immer mit einem Apport aus dem Wasser ohne Schuss ab.

Beginnen Sie mit Schüssen aus einer Schreckschusspistole. Sie stehen mit dem neben Ihnen sitzenden Hund am Uferbereich, geben einen Schuss ab und werfen dann die tote Ente ins Wasser. Schicken Sie nun den Hund zum Apport. Zeigt er an dieser Stelle keinerlei Unsicherheiten, ändern Sie die Abfolge. Der Hund wird zur Ente geschickt und unmittelbar bevor er sie aufnimmt, schießen Sie. Klappt das an einigen Tagen sehr gut, dann schießen Sie immer etwas früher: wenn der Hund einen Meter vor der Ente ist, wenn er zwei Meter vor der Ente ist, schließlich wenn er sich auf halber Strecke zur Ente befindet. Es ist alles gut, solange er weiter schwimmt und sich vom Schuss nicht beirren lässt, die Ente zu apportieren. Sollte er abdrehen, dann fordern Sie ihn motivierend auf die Ente zu holen. Schießen Sie nun aber kein weiteres Mal, sondern fangen in der nächsten Trainingseinheit wieder bei Punkt 1 an.

Klappt es mit der Schreckschusspistole, dann kommt die Flinte zum Einsatz. Der Schuss erfolgt aber noch nicht auf die Wasserfläche, sondern in die Luft von der Wasserfläche weg. Die Abfolge der einzelnen Trainingsschritte bleibt gleich, beginnend mit dem Schuss, bevor der Hund geschickt wird, bis zum Schuss auf halbem Weg zur Ente. Die ersten Schüsse auf die Wasserfläche dürfen nicht nah am Hund sein. Schießen Sie selbst aus größerer Distanz, vergrößert sich allerdings auch die Streuung der Schrotgarbe. Daher ist hier im Zweifelsfall ein Helfer notwendig, der aus einiger Entfernung auf die Wasserfläche schießt. Schießen Sie zu Beginn sichtig vor dem Hund auf die Wasseroberfläche knapp hinter die Ente, bevor Sie ihn zum Apport schicken, aber nur so, dass die Sicherheit des Hundes und anderer Menschen zu keinem Zeitpunkt gefährdet werden kann. Wenn Sie selbst im Umgang mit der Flinte nicht hundertprozentig sicher sind, binden Sie auch hier einen Helfer ein.

Im folgenden Trainingsschritt schicken Sie ihn zum Apport, und ein Helfer schießt kurz bevor Ihr Hund die Ente packt auf die entfernt liegende Position X1. Anschließend immer früher wie in den vorangegangenen Übungen.

Klappt das gut, schießen Sie selbst. Sie lassen Ihren Hund jetzt allerdings nicht bis kurz vor die Ente schwimmen, sondern geben den Schuss auf Position X2 ab, wenn Ihr Hund die halbe Wegstrecke zur Ente zurückgelegt hat. Im weiteren Verlauf des Trainings verkürzen Sie die Distanz, indem Sie schrittweise näher an die Ente an Position X3 schießen. Es muss aber immer eine ausreichende Sicherheitsdistanz zwischen Schussposition und Hund bleiben (Grafik 18):

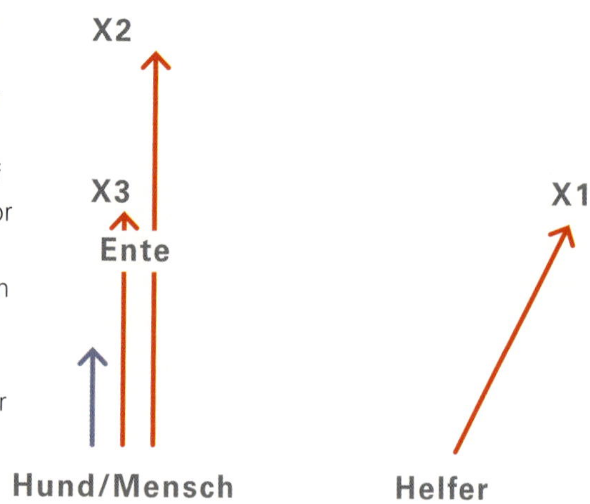

In einigen Bundesländern muss in Richtung der Ente auf die Wasseroberfläche geschossen werden, während der Hund auf die Ente zuschwimmt.

An dieser Stelle wird auf die Wasserfläche geschossen.

Verlorensuche am Wasser

Beginnen Sie früh damit, Ihren Hund ohne unmittelbar vorangegangenen Reiz eines geworfenen Gegenstands ins Wasser zu schicken.

Machen Sie die Probe aufs Exempel und stellen sich mit Ihrem Hund nah an den Uferbereich. Wie bei der Verlorensuche an Land weisen Sie nun auf die vor Ihnen liegende Wasserfläche und schicken Ihren Hund mit dem Kommando »Such!« ins Wasser. Nimmt er das Wasser an und beginnt das Gewässer abzusuchen, haben Sie bereits eine Hürde überwunden. Er soll jetzt natürlich ein Erfolgserlebnis haben. In einem unbeobachteten Moment werfen Sie einen Dummy auf die Wasseroberfläche, den er apportieren kann. Sie können im folgenden Training einige Zwischenschritte überspringen und direkt mit der Einarbeitung beginnen, ohne sichtig Dummys auszuwerfen. Sollte Ihr Hund ohne Reiz nicht das Wasser annehmen, gehen Sie vor wie bei der Verlorensuche an Land. Werfen Sie sichtig mehrere Dummys ins Wasser und schicken Ihren Hund nacheinander zum Apport. Der Abstand der Dummys zum Ufer beträgt anfangs 10 bis 15 Meter und wird gesteigert, je besser die Übung gelingt. Das Gleiche gilt für die Sichtbarkeit der Apportel auf der Wasseroberfläche. Je sicherer Ihr Hund sich schicken lässt, desto entfernter und verborgener im Uferbewuchs verteilen Sie die Dummys. Sie starten mit zwei Apportiergegenständen

Dieser Hund nimmt freudig das Wasser an und lässt sich zur Suche schicken.

und erhöhen mit steigendem Trainingsstand auf mindestens sechs.

Es kann natürlich vorkommen, dass sich Ihr Hund ab einem gewissen Punkt schwertut, sich ein weiteres Mal schicken zu lassen. In dem Fall erneuern Sie den Auslösereiz, indem Sie einen Stein in Richtung eines Dummys werfen.

Sobald sich Ihr Hund problemlos sechsmal hintereinander schicken lässt und weiträumig sowie fleißig sucht, bauen Sie den Reiz des sichtigen Auswerfens ab. Während Sie die Apportel auf dem Wasser und im Uferbereich verteilen, wartet Ihr Vierbeiner im Auto oder angeleint in ausreichender Entfernung, wo er Sie nicht beobachten kann. Machen Sie es anfangs nicht zu schwer, sodass Ihr Hund schnell ein Erfolgserlebnis hat, sobald er in die Suche geht.

Wenn Sie und Ihr Hund eine gewisse Routine erreicht haben, sollten Sie sämtliche Möglichkeiten nutzen, an Gewässern zu trainieren. Der Hund sollte verschiedene Einstiege kennenlernen, unterschiedliche Uferbewüchse, vor allem natürlich Schilf, Seerosen und kleine Inseln. Üben Sie mit dem geübten Schwimmer auch an kleineren Fließgewässern. An Bächen können Sie hervorragend üben, Ihren Hund auf die gegenüberliegende Seite zu schicken und auf direktem Weg zurückzukommen. Achten Sie nur darauf, dass keine Brücke in unmittelbarer Nähe ist.

Die Suche im Schilf kann sehr anspruchsvoll und anstrengend sein.

Verlorensuche im deckungsreichen Gewässer. Der Hund muss lang anhaltend und ausdauernd suchen. Dabei soll er den Wind nutzen und etwaige Schwimmspuren ausarbeiten.

Verlorensuche mit Ente im deckungsreichen Gewässer

Wie bereits gesagt: Die Arbeit an der lebenden Ente ist in den einzelnen Bundesländern unterschiedlich geregelt und unterliegt tierschutzrechtlichen Regelungen. An diese müssen Sie sich zwingend halten, denn ein Verstoß kann durchaus den Jagdschein kosten.

Zur Einarbeitung ist es am besten, wenn Sie sich an einen Jagdgebrauchshundverein (JGV) in Ihrer Nähe wenden. Diese verfügen in der Regel über prüfungskonforme Gewässer und helfen Ihnen bei der Einarbeitung.

Link-Tipp:
Die Adressen der einzelnen Landesverbände des JGHV und der regionalen Jagdgebrauchshundvereine finden Sie auf
www.jghv.de/index.php/mitgliedsvereine/landesverbaende

Auch die Rassezuchtvereine bieten häufig Wasserübungstage an. Außerdem gibt es eine Vielzahl guter gewerblicher Hundetrainer, die Wasserseminare anbieten oder Sie ganz individuell unterstützen. Möchten Sie mit der Einarbeitung auf die lebende Ente beginnen, dann sollten die ersten Arbeitsfächer bereits hundertprozentig sitzen. Außerdem muss immer ein geprüfter Hund einsatzbereit zur Verfügung stehen, falls Ihr Hund die Arbeit an der Ente aus welchen Gründen auch immer nicht durchführen kann.

© Mark Dautzenberg

NACHSUCHE AUF SCHALENWILD – DIE SCHWEISSARBEIT

Die Prüfung zur Brauchbarkeit für die Nachsuche auf Schalenwild, also die Arbeit auf der roten Fährte, ist in allen Bundesländern ein gesondertes Modul. Wie die anderen Module stellt es ganz spezielle Anforderungen an Hund und Hundeführerin beziehungsweise Hundeführer. Voraussetzung ist auch hier das Bestehen der Gehorsamsfächer.

Je nach Bundesland müssen Sie mit Ihrem Hund eine 400 bis 600 Meter lange Fährte mit zwei stumpfwinkligen Haken und einem Wundbett ausarbeiten. Auf den Fährten spritzt oder tupft der Fährtenleger maximal einen Viertelliter Wildschweiß oder Haustierblut. Am Ende der Fährte liegt ein frisches Stück Schalenwild oder, falls nicht vorhanden, eine frische Decke. In einigen Bundesländern sind mittlerweile auch mit Fährtenschuh angelegte Fährten zulässig. Es handelt sich immer um Übernachtfährten. Die Stehzeit beträgt daher 12 bis 20 Stunden oder mehr. Informieren Sie sich über die genauen Prüfungsmodalitäten, bevor Sie mit der Ausbildung beginnen.

Ein Hinweis sei diesem Kapitel vorangestellt: Eine erfolgreich absolvierte Prüfung in diesem Fach befähigt Sie und Ihren Hund zunächst zur Bewältigung einfacher Totsuchen – aber mehr auch nicht. Erschwerte Nachsuchen sollten Sie immer einem erfahrenen Nachsuchengespann überlassen. Ist am Anschuss bereits klar, dass es sich nicht um eine eindeutige Totsuche handelt, erschweren Sie bitte nicht dem nachfolgenden Gespann die Suche, indem Sie einfach mal ausprobieren, ob und wie weit Ihr Hund die Fährte arbeitet. Die Nachsuche auf Schalenwild ist ein sehr komplexes, aber auch hochinteressantes Thema. Wer sich dafür näher interessiert, kann sich gut mit Literatur dazu eindecken und am besten den Kontakt mit Schweißhundeführern vor Ort aufnehmen. Jagdschulen, Profi-Hundeführer und Jagdzeitschriften bieten regelmäßig Nachsuchenseminare an.

Aber auch dann, wenn Sie selbst keine erschwerten Nachsuchen mit Ihrem Hund bewältigen wollen, ist die Arbeit und das Üben auf den Kunstfährten eine tolle Beschäftigung für Hund und Mensch.

Die in diesem Buch beschriebene Vorgehensweise richtet sich an Sie als Besitzerin oder Besitzers eines Allrounders unter den Jagdhunden. Sie sind wahrscheinlich kein Nachsuchenexperte und möchten zunächst für den privaten jagdlichen Bereich den Hund auf einfache Fährtenarbeit vorbereiten und die Brauchbarkeitsprüfung bestehen. Besitzen Sie eine Bracke oder einen Schweißhund und haben im Rahmen der Ausbildung und des jagdlichen Einsatzes Größeres vor, dann gestaltet sich die Einarbeitung ein wenig anders: Sie benutzen auf den Fährten so gut wie gar keinen Schweiß, lediglich am Anschuss, den ersten Metern und in den Tropfbetten. Dieser soll auch eindeutig verwiesen werden, was Sie in Ihre Übungen mit einbeziehen. Die Fährten werden mit Fährtenschuhen angelegt. Das sind Gestelle oder Überschuhe, an denen oder unter denen Sie Schalen der unterschiedlichen Wildarten befestigen können. So hinterlassen Sie beim Gehen zusätzlich zu Ihrem Fußabdruck auch einen Schalenabdruck und eine weitere Geruchskomponente. Aber machen Sie sich nichts vor, dem Hund ist schon klar, dass ein Mensch die Fährte gelaufen ist.

racke mit tiefer Nase konzentriert
ei der Fährtenarbeit

Da die meisten Bracken und Schweißhunde von Natur aus mit tiefer Nase suchen und in dem peniblen Ausarbeiten einer Fährte aufgehen, ist die Einarbeitung in aller Regel etwas einfacher. Das sieht bei anderen Hunderassen, denen die Suche mit hoher Nase angewölft ist, oft anders aus. Damit Sie nicht wie ein Fähnchen im Wind hinter Ihrem Hund durch den Wald fliegen, erarbeiten Sie zu Beginn den Suchenstil mit tiefer Nase. Hier ist zunächst der Weg das Ziel.

Um die Aufmerksamkeit für einen längeren Zeitraum nach unten auf die Fährte, also auf die Geruchskomponenten zu lenken, kann Futter eine Möglichkeit sein. Um zu verhindern, dass später auch Pirschzeichen (Knochen, Schweiß, Wildbret) vom Hund auf der Fährte aufgenommen statt verwiesen werden, steigen Sie auf Futterdöschen um, sobald der Suchenstil passt. Das Verweisen arbeiten Sie parallel ein. Dabei lernt Ihr Hund auch, Pirschzeichen von Futter eindeutig zu unterscheiden. Wenn alles gut klappt, fügen Sie beide Komponenten zusammen und lassen Ihren Hund auf der Fährte verweisen.

Der Hund ist bereit für seine Aufgabe.

© Ilka Dorn

Notwendiges Equipment für die Schweißarbeit

Equipment

Zur Vorbereitung auf die Prüfung und zum regelmäßigen Üben danach benötigen Sie folgendes Equipment:

- Geschirr oder Schweißhalsung, einen gut passenden Schweißriemen, mindestens sechs Meter lang, besser sind zehn bis zwölf Meter
- Schweiß oder Rinderblut, portioniert und eingefroren, Schweißkonzentratpulver
- Spritzflasche oder Tupfstock mit Eimer
- Fährtenmarkierungen in Form von farbigen Klammern, Kreide oder Bändern und Fähnchen, die Sie in die Erde stecken können
- Futter und Döschen
- Handschuhe

Tipp:
Das spezifische Geschirr oder die Halsung für die Fährtenarbeit werden ausschließlich für diesen Einsatz angelegt.

So wird sich der Hund schnell mental auf die bevorstehende Arbeit einstellen, sobald er damit ausgerüstet ist. Nutzen Sie zu anderen Zwecken andere Geschirre oder Halsungen.

© Ilka Dorn

Den Anschuss anlegen

Konditionierung auf das Geruchsbild

Die Fährte ist, genau wie die Schleppe, eine Spur, die jeder Hund geruchlich in der Lage ist zu verfolgen. Das Training dient dazu, den Spurwillen des Hundes zu fördern, indem sich die Fährtenarbeit für ihn als lohnend herausstellt. Außerdem trainieren Sie die Konzentrationsfähigkeit und den Suchenstil Ihres Hundes. Was aber noch viel wichtiger ist: Durch das gemeinsame Üben lernen Sie Ihren Hund zu lesen. Das heißt, dass Sie aufgrund seiner Reaktionen und seiner Körpersprache beurteilen können, ob er noch der gerechten Fährte folgt oder andere Gerüche sein Interesse geweckt haben. Da Sie einen konzentrierten und ruhigen Suchenstil mit tiefer Nase fördern wollen, sollte der Weg vornehmlich das Ziel sein. Erwartet Ihren Hund lediglich am Ende der Fährte die große Belohnung, ist die Gefahr groß, dass er im Laufe des Trainings von Mal zu Mal schneller und somit ungenauer wird. Lassen Sie sich mit der Einarbeitung Zeit und setzen anfangs mehr auf Genauigkeit und weniger auf Strecke.

Dazu konditionieren Sie Ihren Hund zuerst auf das Geruchsbild der Fährte. Dieses besteht aus dem verwendeten Schweiß oder Blut, der Bodenverwundung, die der Fährtenleger erzeugt hat, sowie dessen Individualgeruch und den Gerüchen der Zersetzungsprozesse des zertretenen organischen Materials.

Ihr Hund soll lernen, sich konzentriert und mit tiefer Nase dieses Geruchsbild einzuprägen und die Fährte auszuarbeiten. Dazu stellen Sie zu Beginn des Trainings lediglich »Anschüsse« her. Trampeln Sie eine kreisrunde Stelle von circa 60 Zentimetern Durchmesser platt und markieren Sie diese mit einem Fähnchen. In diesen Kreis sprenkeln

Sie gleichmäßig ein wenig Schweiß und verteilen eine Handvoll Futterstückchen. Von solchen Anschüssen können Sie drei bis vier Stück im Abstand von mindestens 20 Metern anlegen, die der Hund aber zunächst einzeln finden und verweisen soll.

Diese ersten Anschüsse und auch die ersten Fährten sollten mit Rückenwind angegangen werden. So gewöhnt sich Ihr Hund an, mit tiefer Nase auf der Fährte zu bleiben und nicht mit dem Wind zu suchen. Anschüsse können Sie mit Ihrem Hund so lange wiederholt arbeiten, bis er sie absolut ruhig und konzentriert ausarbeitet.

An diesen Anschüssen etablieren Sie auch bereits das allgemeine Startritual. Sie lassen Ihren Hund fünf Meter vor dem Anschuss sitzen und legen ihm seine Arbeitsausrüstung an. Die lange Leine werfen Sie gerade nach hinten aus, sodass keine Schlaufen entstehen. Ihr Hund soll nun sitzen oder liegen bleiben, während Sie selbst zum Anschuss gehen und diesen scheinbar untersuchen. Dann gehen Sie zu Ihrem Hund zurück und führen ihn mit kurz gehaltener Leine zum Anschuss. Zeigen Sie ihm die Stelle, und sobald er beginnt zu schnüffeln, sagen Sie »Such verwund!«. Ihr Hund soll nun ruhig, konzentriert und ohne Eile den Anschuss penibel absuchen. So gehen Sie ab jetzt jeden Anschuss an.

Dieser Hundeführer kontrolliert den Anschuss und holt seinen Hund dazu.

Die Sache mit der Stehzeit

Alle Geruchskomponenten reagieren etwas unterschiedlich mit der Zeit. Etwas vereinfacht ausgedrückt steigt die Geruchsintensität der Fährtenwitterung allgemein in den ersten zwei Stunden an. Danach nimmt zwar die Individualwitterung stark ab, aber die Komponenten »pflanzlicher Geruch«, »Bodenverwundung« und »Schweiß« steigen noch ein bis zwei Stunden weiter an und bleiben dann einige Stunden auf einem hohen Niveau. Danach nehmen auch sie stetig ab. Wahrnehmbar sind alle Komponenten für den Hund allerdings noch nach Tagen und sogar Wochen.

Übernachtfährten steigern den Schwierigkeitsgrad somit nicht unbedingt durch die höhere Stehzeit, sondern durch die Verleitungen, die nachts entstehen, wenn Wildtiere die Fährte kreuzen oder sogar aus Neugierde selbst die Fährte ablaufen. Möchten Sie also von einfach zu schwierig arbeiten, beginnen Sie mit Tagfährten von drei bis zehn Stunden Alter und verlängern ab dann die Stehzeit schrittweise bis zur Übernachtfährte und darüber hinaus.

Bei den ersten einzelnen Anschüssen geht es ausschließlich um die Konditionierung auf das Geruchsbild und die damit verbundene ruhige Suche mit tiefer Nase in Verbindung mit dem Startritual zur Fährtenarbeit. Sie können Sie ganz ohne Stehzeit arbeiten oder auch zwei bis vier Stunden warten.

Hund und Hundeführerin bei der kontrollierten Schweißarbeit

Die ersten Fährten

Haben Sie nun mit Ihrem Hund fleißig einzelne Anschüsse geübt, können Sie beginnen Fährten zu legen. Dazu arbeiten Sie sich in Abständen von fünf bis zehn Metern von Anschuss zu Wundbett vor. Vom Anschuss aus gehen Sie weiter und bringen in die von Ihnen erzeugte Bodenverwundung weiterhin tröpfchenweise Schweiß aus. Dann stellen Sie im Anschluss ein Wundbett (gleich dem Anschuss) her, in das Sie wieder Futter streuen können. Von dort aus gehen Sie weiter und beenden mit einem Wundbett die Fährte (Grafik 19):

bewusst den Fährtenverlauf verlässt. Sollte Ihr Hund sich im Fährtenverlauf nicht selbst wieder korrigieren, holen Sie ihn zu sich heran, legen ihn ab und machen eine Pause. Derweil können Sie selbst in der Fährte vorgreifen und interessiert den Boden begutachten. Dann geht es wieder weiter. Wichtig: Nutzen Sie niemals den Schweißriemen, um den Hund abrupt zu stoppen oder sogar zu sich zurückzuziehen!

Im Verlauf des Trainings legen Sie weitere »Wundbetten« an und erhöhen die Distanz zwischen den einzelnen Stationen auf 30 bis 50 Meter.

Jedes Mal, wenn Ihr Hund an einem Wundbett angekommen ist, freuen Sie sich besonders und schauen es sich mit ihm gemeinsam an. Achten Sie darauf, dass er alle Futterstückchen frisst. So nehmen Sie jedes Mal Tempo heraus und wirken einer zu schnellen Fährtenarbeit entgegen.

Weiter geht es auf der Fährte mit »Such verwund!«. Es ist enorm wichtig, dass Sie selbst den Fährtenverlauf genau kennen. Markieren Sie ihn also gut! Verwenden Sie dazu Markierband, farbige Klammern oder Kreide. Geht Ihr Hund von der Fährte herunter, bleiben Sie stehen und warten, bis er sie wieder aufnimmt. Genau in dem Moment, in dem er die Fährte wieder annimmt, sagen Sie »Prima! Zur Fährte!« und bestätigen im weiteren Verlauf mit lobenden Worten. Das Kommando »Zur Fährte!« dient später der Korrektur des Hundes, sobald er für Sie offensichtlich und

Auf diese Art und Weise können Sie Fährten von gut 300 Metern Länge anlegen und bereits die ersten Haken einbauen. Je nach Begabung Ihres Hundes können Sie die Distanzen auch deutlich weiter anlegen.

Jetzt wird es auch Zeit für das symbolische Ende der Fährte. Hier kann die klassische Wilddecke liegen, die der Hund beuteln kann. Darunter liegt der Futterjackpot oder ein besonderes Leckerchen. Ein Stück getrocknete Decke an einer Schnur für ein ordentlichen Zerrspiel wird von manchen Hunden gerne angenommen. Das Ende der Fährte sollte ganz individuell auf den Hund abgestimmt sein.

Hunde, die zu einer schnellen und unkonzentrierten Fährtenarbeit neigen (oft Vorstehhunde) brauchen mehr Zwischenbelohnungen und dürfen

Hund bei der Fährtenarbeit an Schweißgeschirr und ausreichend langem Schweißriemen

sich nicht zu stark auf das Erreichen des Fährtenendes fokussieren. Hunde, denen das ruhige Suchen mit tiefer Nase bereits in die Wiege gelegt wurde (zum Beispiel Bracken) dürfen am Ziel durchaus noch mal einen ordentlichen Kick bekommen. Und dazwischen gibt es viele individuelle Einzelfälle.

Bevor Sie nun zu den Übernachtfährten übergehen, kommen die Futterdöschen ins Spiel. Da von frei ausgelegtem Futter über Nacht gegebenenfalls nicht mehr viel übrig ist, platzieren Sie diese nun statt des frei ausgelegten Futters in den Wundbetten. Kommt Ihr Hund dort an und bewindet die Döschen, loben Sie ihn überschwänglich, lassen ihn abliegen und füttern ihn aus den Döschen.

Erfolgreich am Ziel angekommen: Hier sollte die Belohnung individuell auf den Hund abgestimmt werden.

Welche Faktoren beeinflussen den Schwierigkeitsgrad?

Die systematische Steigerung der Stehzeit und die Einführung der Übernachtfährte sind Faktoren, die den Schwierigkeitsgrad der Fährte erhöhen. Verleitfährten diverser Wildarten, aber auch von Spaziergängern und anderen Hunden müssen beim Legen der Fährten bedacht werden. Aber es gibt noch weitere Faktoren, die Einfluss auf die Fährte und die Arbeitsleistung des Hundes haben können.

Untergrund

Wenn Sie an die Geruchskomponenten der Fährte denken, dürfte schnell klar sein, dass die Beschaffenheit des Untergrundes – mehr oder weniger starker Bewuchs, die Art des Bewuchses (Gras, Laub, Nadeln etc.), die Dichte des Bodens, loses Blattwerk, feuchter oder extrem trockener Boden – großen Einfluss auf die Fährte hat.

Ein regelmäßiger, gleichbleibender Bewuchs und feuchtes Laub auf feuchtem Boden sind vergleichsweise gute Bedingungen für eine gute Wahrnehmbarkeit der Fährte. Trockener, dichter Boden mit wenig Bewuchs bindet den Fährtengeruch dagegen eher schlecht. Dichtes Gestrüpp, hoher Adlerfarn, Brennnesseln und Brombeerbüsche stellen für die meisten Hunde ebenso eine Schwierigkeit dar, da die Durchquerung nicht besonders angenehm ist. Auch das sollte aber in anfänglich kleinen Etappen geübt werden. Achten Sie darauf, dass Ihr Hund solche Hindernisse nicht umgeht und nach deren Überwindung eine Belohnungsstation wartet oder – je nach Trainingsstand – zumindest ein einfacherer Fährtenverlauf.
Übergänge zwischen verschiedenen Untergründen stellen eine Herausforderung dar, da sich Ihr Hund plötzlich auf ein ganz anderes Geruchsbild einstellen muss. Auch das muss geübt werden.

Wetter/Klima

Ab einer Temperatur von über 25 Grad Celsius wird es für unsere Hunde sehr schwierig, eine gute Nasenarbeit zu leisten, ohne dabei Probleme mit der eigenen Temperaturregulierung zu bekommen. Obwohl sich die einzelnen Geruchskomponenten der Fährte unter der Voraussetzung, dass genügend Feuchtigkeit vorhanden ist, bei hohen Temperaturen vorteilhaft entwickeln, sollten Sie Ihren Hund bei heißer Witterung nur kurze Fährten arbeiten lassen, das Training in die frühen Morgen- oder späten Abendstunden verschieben oder in den relativ kühlen Wald.

Bei sehr niedrigen Temperaturen wiederum müssen Sie bedenken, dass sich die Geruchskomponenten ungünstiger entwickeln. Zersetzungsprozesse geschehen viel langsamer oder stagnieren komplett.

Regen ist zunächst einmal kein Grund zur Sorge. Es kommt allerdings sehr auf die Art des Regens und die vorhergehende Witterung an. Starker Regen kann Geruchspartikel verdünnen und wegschwemmen. Leichter Regen kann sich aber auch günstig auf die Wahrnehmbarkeit der Fährte auswirken. Um im Zweifelsfall nicht nur für die Prüfung, sondern auch für den Ernstfall gewappnet zu sein, sollten Sie unter den verschiedensten Bedingungen mit Ihrem Hund üben. Bedenken Sie aber bei der Beurteilung seiner Leistung immer die äußeren Umstände.

Der Wind spielt auch eine große Rolle bei der Ausarbeitung der Fährte. Starker Wind kann einzelne Geruchspartikel wegwehen. Wenn diese Geruchspartikel nun fehlen oder woanders hängen geblieben sind, kann das dazu führen, dass Ihr Hund von der Fährte abgeht, um sich diese Partikel zu »holen«. Er kann auch während der Arbeit bei Seitenwind seitlich abdriften. Das kann man stückweise tolerieren, sofern er sich immer wieder auf den korrekten Fährtenverlauf korrigiert.

Das andere Ende des Schweißriemens

Bei der Schweißarbeit kommt es sehr darauf an, den Hund frei arbeiten zu lassen und möglichst nicht zu behindern oder falsch zu beeinflussen. Wenn Sie mit dem Schweißriemen arbeiten, sollten Sie ihn immer so halten, dass Sie ihn locker durch die Hand gleiten lassen können. So können Sie Ihrem Hund mehr Leine geben und auch überschüssige Leine mithilfe der anderen Hand schnell wieder einholen. Handschuhe sind dabei obligatorisch. Bilden Sie keine Schlaufen in der Hand. Diese können sich schnell im Geäst verfangen und das Aufnehmen der Schlaufen benötigt viel zu viel Aufmerksamkeit Ihrerseits, die Sie lieber Ihrem Hund und dem sicheren Schritt widmen sollten. Falls sich die Leine um einen Baum wickelt, versuchen Sie immer auf der anderen Seite des Baums umzugreifen. Ziehen Sie Ihren Hund niemals am Riemen zurück von der Fährte, um die Leine zu entwirren. Sollte es gar nicht mehr vorangehen, dann legen

Sie Ihren Hund kurz auf der Fährte ab und entwirren die Leine ganz in Ruhe. Erst dann geht es weiter.

Achten Sie jederzeit auf Ihren Hund. So können Sie seine Körpersprache auf der Fährte lesen lernen. Das ist wichtig, wenn Sie die ersten Fährten arbeiten, deren Verlauf Sie selbst nicht kennen und Sie sich komplett auf Ihren Hund verlassen müssen. Mit der Zeit werden Sie an seiner Körpersprache genau erkennen können, ob Ihr Hund auf der gerechten Fährte ist oder gerade einer Verleitung folgt. Die Haltung von Haupt und Rute beispielsweise sagt mehr als tausend Kreidezeichen an den Bäumen.

Sie müssen aber auch selbst auf Ihren Hund reagieren, um ihm keine missverständlichen Signale zu geben oder ihn gar zu behindern. Bleibt er stehen oder wird langsamer, dann passen Sie sich an. Kommt er von der Fährte ab und wendet, um den Verlauf wiederzufinden, blockieren Sie ihm nicht körpersprachlich den Weg, indem Sie ihm zugewandt stehen bleiben. Geben Sie ihm durch eine seitliche Drehung die Möglichkeit, an Ihnen vorbeilaufen zu können.

Lassen Sie sich zwischendurch von einem erfahrenen Ausbilder oder einer erfahrenen Ausbilderin begleiten. Einen zusätzlichen Erkenntnisgewinn liefern Videoaufnahmen von Ihnen und Ihrem Hund während der Schweißarbeit. Sie können die Körpersprache des Hundes in Ruhe noch einmal ganz genau analysieren und Ihre eigene Körpersprache wird Ihnen wahrscheinlich zum ersten Mal wirklich bewusst, wenn Sie sich selbst in Aktion sehen. Nur so können Sie Fehler erkennen und sich selbst verbessern.

Fremde Fährtenleger

Sobald Sie und Ihr Hund auf den markierten und von Ihnen gelegten Fährten Sicherheit erlangt haben, sollten Sie auch andere Menschen bitten, die Fährten zu legen. Das ist aus zwei Gründen sehr wichtig: Zum einen muss sich Ihr Hund für die Prüfung daran gewöhnen, dass ein fremder Individualgeruch das Geruchsbild prägt und die Komponenten am Anschuss variabel sind. Das, was er dort riecht, ist die Fährte, auf die er sich einstellen muss. Zum anderen beeinflussen Sie den Hund auch unbewusst und strahlen eine ganz andere Sicherheit aus, wenn Sie selbst genau wissen, wo es langgeht. Fehlt Ihnen plötzlich diese Sicherheit, kann das auch Ihren Hund verunsichern. In der Prüfung und im Ernstfall müssen Sie Ihrem Hund vertrauen und anhand seiner Körpersprache beurteilen, ob er auf der gerechten Fährte ist oder nicht. Dieses Vertrauen erlangen Sie durch das Absolvieren Ihnen unbekannter Fährten. Im Idealfall läuft der Fährtenleger hinter Ihnen her und berichtigt Sie, sobald Sie zu stark vom Kurs abkommen. Sie können ihn aber auch markante Stellen markieren lassen und sich den aufgezeichneten Fährtenverlauf zuvor auf der Karte zeigen lassen. Je sicherer Sie und Ihr Hund bereits miteinander arbeiten, desto weniger Markierungen und Einweisungen benötigen Sie.

Technik

Um den Überblick über Fährtenlänge und Laufrichtung zu behalten, können Sie das Legen der Fährte mit Trackern dokumentieren. Dazu können Sie einfache Tracking-Apps verwenden oder auch die gängigen Hundeortungssysteme. Die Fährte des Hundes können Sie dann ebenfalls aufzeichnen und später mit Ihrer Fährte abgleichen. Die Abweichungen können allerdings mitunter einige Meter betragen, auch wenn der Hund exakt auf der Fährte gelaufen ist. Der Abgleich ist also nur ein grober Anhaltspunkt und kann die manuelle Markierung, gerade zu Beginn der Einarbeitung, nicht ersetzen.

Ein Fährtenschuhmodell, bei dem die Schalen hinten angebracht werden. Die Schalen sorgen für eine weitere Geruchskomponente.

Der Fährtenschuh und andere Varianten der Fährtenarbeit

Wenn Sie mit der Einarbeitung des Hundes in die Fährtenarbeit beginnen, sollten Sie sich über Ihre Zielsetzung im Klaren sein. Für das Bestehen der Brauchbarkeitsprüfung und somit der Absicherung für den Hausgebrauch im eigenen Revier, sind Sie mit mehr oder weniger simpel anzulegenden Schweißfährten gut beraten. Der Nachsuchenprofi wiederum arbeitet auf der Fährte kaum bis gar nicht mit Schweiß, sondern nutzt den Fährtenschuh. Dabei werden frisch aufgetaute Schalen je nach Modell unter oder hinter eine Art Schuh angebracht, den Sie sich wiederum unter die eigenen Schuhe schnallen. Statt Schweiß liegt nun die Geruchskomponente der Schalen auf der Fährte. Sie können Ihrem Hund natürlich nicht vorgaukeln, es sei tatsächlich ein Wildschwein oder ein Stück Rotwild die Fährte gelaufen. Dazu ist Ihr Individualgeruch unverkennbar auf der Fährte enthalten. Aber Sie verknüpfen damit den Wildgeruch mit der Fährtenarbeit.

Wenn Sie sich eher hobbymäßig mit Fährtenarbeit beschäftigen möchten und noch dazu kein eigenes Revier zum regelmäßigen Üben zur Verfügung haben, können Sie durchaus gänzlich auf

Schweiß oder Fährtenschuhe verzichten. Ihr Hund kann lernen, sich auf jedes Geruchsbild einzustellen und ihm zu folgen. Dabei können Sie simple Eigenfährten legen, bei denen nur Ihr Individualgeruch und die von Ihnen verursachte Bodenverwundung vorhanden ist. Statt Schweiß können Sie ebenso Würstchenwasser, Milch oder andere nicht jagdliche und gesundheitlich unbedenkliche Flüssigkeiten verwenden. Diese Fährtenarbeit ist dann zwar weniger jagdpraktisch, ist aber eine tolle Beschäftigung und gute Übungsmöglichkeit. Unter diesem Aspekt kann auch niemand etwas dagegen haben, wenn Sie Ihre Fährten auf Wegrändern oder ohnehin von Spaziergängern frequentierten Flächen machen.

Wenn Sie nun auf den Geschmack gekommen sind, oder während der Vorbereitung auf die Brauchbarkeitsprüfung merken, dass Sie und Ihr Hund intensiver in das Thema Fährtenarbeit eintauchen möchten, können Sie auf eine Vielzahl empfehlenswerter weiterführender Literatur zurückgreifen.

Zum Weiterlesen:

Anke Lehne: Fährtentraining für Jagdhunde, Oertel u. Spörer, Reutlingen 2019

Stefan Mayer und Joachim Schweizer: Ausbildung und Fährte: Vom Welpen zum Nachsuchenprofi, Kosmos, Stuttgart 2020

Julia Numssen und Chris Balke: Nachsuchen wie die Profis. Erfolgreich auf der Schweißfährte, BLV, München 2017

Hans-Joachim Borngräber: Die Schweißarbeit und die Einarbeitung mit dem Fährtenschuh, Kosmos, Stuttgart 2004

Harald Fischer: Wie man einen Schweißhund macht. Neumann-Neudamm, Melsungen 2023

© Fotos: Tanja Dautzenberg

Fährtenschuhe gibt es aus Metall oder Kunststoff mit der Möglichkeit, die Schalen hinter oder unter dem Schuh zu befestigen.

DAS VERWEISEN

Das sichtbare und eindeutige Verweisen, also Anzeigen des Hundes von Schnitthaar, Knochenstücken und Wildbret durch den Hund auf der Fährte und in den Wundbetten, ist auf der Prüfung wünschenswert und in der Jagdpraxis absolut notwendig. Der spezialisierte Nachsuchenhund sollte auch Schweiß auf der Fährte verweisen, wenn auf einer längeren Strecke der Fährte keiner mehr vorzufinden war. Dies ist natürlich auf einer künstlichen Schweißfährte, auf der in regelmäßigen und kurzen Abständen, man könnte fast sagen »Unmengen« an Schweiß ausgebracht werden, unsinnig. Der Sinn des Verweisens solcher sogenannten Pirschzeichen« liegt darin, wichtige Hinweise auf den weiteren Verlauf der Nachsuche zu erhalten. Die Farbe des Schweißes und die anatomische und lokale Zuordnung von Knochen, Schnitthaar und Wildbret gibt Aufschluss darüber, wo der Treffer sitzen könnte und ob und wie vital und mobil das beschossene Stück noch ist. Der erfahrene Nachsuchenführer kann daraufhin entscheiden, ob die Suche noch zur selben Zeit weiter zu führen ist oder ob es sinnvoller ist, am kommenden Tag nachzusuchen. Außerdem wird er einschätzen können, mit welcher Strecke zu rechnen ist und kann, wenn notwendig, Nachbarpächter von der Nachsuche informieren, wenn zu erwarten ist, dass über die Reviergrenzen hinaus nachgesucht werden muss. Außerdem können Rückschlüsse gezogen werden, ob und wann unter Umständen der Hund zur Hatz geschnallt werden muss, beziehungsweise ob ein Hund zur Suche eingesetzt werden muss, der verlässlich kranke Stücke hält oder stellt.

Für den Laien ist es wichtig zu erkennen, ob etwaige Pirschzeichen, die der Hund verweist, sicher auf eine Totsuche hinweisen. Sollte dies nicht eindeutig der Fall sein, brechen Sie die selbstständige Suche unverzüglich ab und kontaktieren Sie den Profi. Markieren Sie zuvor mit Fährtenband die Stelle, an der Sie das Pirschzeichen gefunden haben und machen Sie zur Sicherheit ein paar Fotos, die Sie dem Nach-

Ein künstlich angelegtes Wundbett auf der Übungsfährte mit Schweiß und Deckenstücken

Equipment zum Üben des Verweisens – Dose mit Löchern, Schnitthaar, Schweiß, Wildbret, Knochen und das Stück eines Laufes

suchenführer zeigen können. Versuchen Sie auch zu vermeiden, beim Rückweg die bisherige Fährte zu queren oder zu zerlaufen.

> **Tipp**:
> Viele Hegeringe oder Kreisjägerschaften geben regelmäßig Seminare zum sicheren Erkennen von Pirschzeichen. Machen Sie unbedingt davon Gebrauch, bevor Sie in die aktive Nachsuchenarbeit einsteigen!

Im Fährtentraining können Sie natürlich das Verweisen mehr oder weniger nebenher mit einbauen und fördern. Dazu können Sie auf der Fährte Wundbetten anlegen und in ihnen Pirschzeichen verteilen. Markieren Sie sich dabei den genauen Ort. Sollte Ihr Hund nun an der Stelle vorbeikommen und interessiert an der Stelle schnüffeln, loben Sie ihn überschwänglich und begeben sich unverzüglich an das Wundbett, an der Sie das Pirschzeichen ausgebracht haben. Schauen Sie es sich selbst an und ermuntern Ihren Hund diese Stelle wiederholt näher zu begutachten. Dabei sagen Sie »Zeige mir!« oder »Verweise mir!« und verweilen dort einige Zeit, bevor es auf Kommando wieder weiter auf der Fährte geht. Gefräßige Vierbeiner könnten allerdings das Pirschzeichen schnell heruntergeschluckt haben. Verbieten Sie ihm das, könnten Sie Ihrem Hund direkt am Anfang bereits das Verweisen verleiden, da er missverständlich annimmt, sein Interesse daran sei grundsätzlich nicht erwünscht. In diesem Fall können Sie das Verweisen bewusst und zunächst losgelöst von der Fährtenarbeit über die Passivanzeige trainieren.

© Mark Dautzenberg

Der Hund zeigt das Verweisen der einzelnen Geruchsträgerdose ohne Board. Nach wenigen Sekunden des Verharrens erfolgt die Bestätigung über den Clicker.

Passivanzeige

Halten Sie einem Hund ein Stück Wildbret vor die Nase, wird er mit ziemlicher Sicherheit interessiert daran riechen und eventuell auch geneigt sein, es aufzunehmen und zu fressen. Insbesondere, wenn es sich um Wildbretstücke handelt. Um dies zu vermeiden und diese Neigung gar nicht erst aufkommen zu lassen, benutzen Sie kleine Döschen mit Löchern, in denen Sie die Pirschzeichen sicher verwahren können. Da es im Training in erster Linie um den Geruch geht, können Sie auf diese Art kontrolliert arbeiten. Die unterschiedlichen Pirschzeichen für das Training können Sie hervorragend in der Tiefkühltruhe verwahren und vor den jeweiligen Trainingseinheiten frisches auftauen. Sehr gut eignen sich zum Beispiel frische Läufe der verschiedenen Schalenwildarten, von denen Sie nach Bedarf mit der Astschere oder der Knochensäge etwas abschneiden. Diverse Innereien, Deckenstücke und so weiter lassen sich ebenfalls gut in kleinen Tütchen tiefgekühlt bewahren.

Voraussetzung für das weitere Training ist eine erfolgreiche Konditionierung auf den Clicker. Damit Ihr Hund versteht, worum es geht, müssen Sie ihn sekundenschnell bestätigen können. Das funktioniert natürlich auch über ein zuvor konditioniertes Markerwort. Der Clicker ist aber in der Regel als emotionsloses, rein konditioniertes Signal genauer. Stellen Sie eine entspannte Lernsituation her und sorgen für eine möglichst ablenkungsfreie Umgebung. Sie können hervorragend mit dem Training im Haus beginnen. Sie befüllen nun eine Dose mit einem Pirschzeichen und stellen sie auf den Boden zwischen sich und den Hund. Alleine aus reiner Neugierde wird Ihr Vierbeiner daran schnüffeln und mit der Nase den Deckel des Döschens berühren. In diesem Moment bestätigen Sie das Verhalten mit einem Click und werfen ihm ein Leckerchen hin. Das Futter kann ruhig ein wenig von der Dose wegrollen. So schaffen Sie für den kommenden Durchgang wieder eine eindeutige Situation, in der der Hund bewusst die Dose ansteuern muss. Ist Ihr Hund mit dem Prinzip des »free shaping« bereits vertraut, wird er schnell aktiv Verhaltensweisen anbieten, die den Click erzeugen und nach kurzer Zeit erneut die Dose ansteuern. Dies bestätigen Sie wieder mit einem Click und Futter. Haben Sie mit Ihrem Hund bisher nicht geclickert, kann es sein, dass es etwas länger dauert bis er mehr oder weniger bewusst wieder in die Nähe der Dose kommt. Verläuft die Clickersession etwas zäh und hat Ihr Hund sichtbare Startschwierigkeiten, dann bestätigen Sie in den ersten Trainingseinheiten bereits einen Blick des Hundes in Richtung des Döschens. Solange Ihr Hund noch geistig mit Ihnen und der Trainingssituation beschäftigt ist, können Sie durchaus etwas länger darauf warten, dass Ihr Hund das erwünschte Verhalten zeigt. Sollten Sie allerdings bemerken, dass er Frust bekommt und den Trainingsbereich verlassen möchte, dürfen Sie durchaus ein wenig Hilfestellung geben. Nehmen Sie die Dose noch mal auf und stellen Sie mit motivierenden Lautäußerungen wieder hin. Sie können auch darauf zeigen und sobald Ihr Hund wieder Interesse für die Dose zeigt, erneut clicken.

Erstes Ziel ist es, dass Ihr Hund begreift, dass er durch das Anzeigen der Dose eine Bestätigung erhält. Sie haben die erste Hürde geschafft, wenn Sie bemerken, dass Ihr Hund nach jedem Click zielgerichtet und bewusst erneut die Dose ansteuert um eine weitere Bestätigung zu erhalten.

Formung

Nun geht es darum, das Verhalten weiter auszuformen. Denn lediglich mit einem kurzen Nasenstupser wird für Sie später nicht sichtbar sein, ob der Hund verweist. Er soll nun länger mit der Nase über der Geruchsdose verharren. Um dies zu erreichen clicken Sie jetzt nicht mehr sobald er mit der Nase über der Dose ist, sondern warten eine bis zwei Sekunden ab, bevor Sie bestätigen. Sollte Ihr Hund verdutzt die Nase wegnehmen, bevor das verlängerte Zeitintervall erreicht ist, warten Sie ab, bis er erneut das bereits etablierte Verhalten zeigt, welches Sie bestätigen können. Der Hund wird eine gewisse Beharrlichkeit entwickeln Sie werden bald in Sekundenschritten das Zeitintervall verlängern können. Sobald Ihr Hund circa fünf Sekunden ruhig über der Dose verharrt, sind Sie für den nächsten Schritt bereit.

Die Übereifrigen

Viele Hunde entwickeln eine sehr große Freude am Clickertraining, da Sie die Erfahrung machen, durch Eigeninitiative eine Belohnung erhalten zu können. Gerade während der Übergänge zwischen den Trainingsschritten neigen manche Hunde dazu, etwas übereifrig zu werden. Wenn Ihr bisheriges Verhalten nicht mehr direkt bestätigt wird, spulen Sie in Windeseile diverse Verhaltensweisen hintereinander ab, um möglichst schnell wieder eine Belohnung zu erhalten. Mit Hektik und Aufgeregtheit sollte der Hund immer ins Leere laufen. Gehen Sie im Zweifelsfall wieder einen Trainingsschritt zurück. Wenn Ihr Hund beginnt, die Dose aktiv durch die Gegend zu schieben, mit der Pfote drauf zu hauen, anzubellen oder ähnliches, ist es wichtig Vorkehrungen zu treffen, damit sich dieses Verhalten nicht manifestiert und Sie im Training stagnieren. Dazu

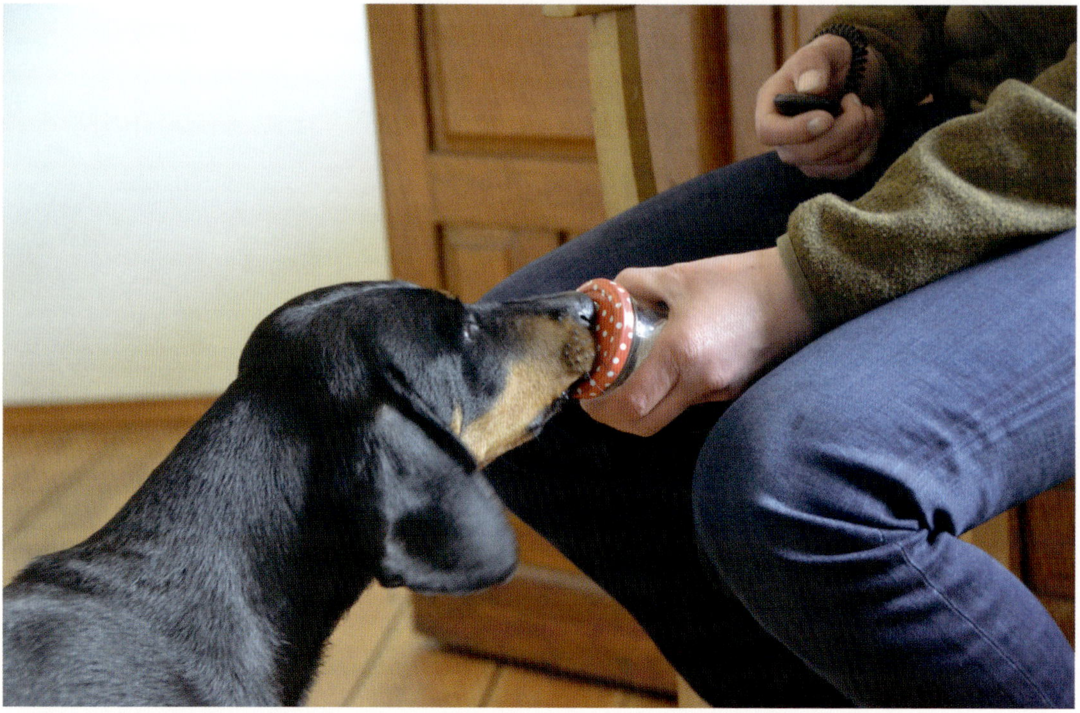

Der Hund verweist die Geruchsträgerdose in der Hand und wird mit dem Clicker bestätigt.

Der Hund verweist die einzelne Geruchsträgerdose im Schnüffelboard. So kann er sie nicht umher schieben oder umstoßen.

können Sie die Dose zunächst festhalten oder zwischen Ihren Füßen einklemmen.

Eine andere Möglichkeit ist der Einsatz eines Schnüffelbrettes, welches Sie wahlweise kaufen, oder mit etwas Geschick selbst herstellen können. Die Selbstgemachten sind in der Regel stabiler und widerstandsfähiger bei der Benutzung etwas rabiaterer Vierbeiner. Das Schnüffelbrett ist eine Art Rahmen, in dem nebeneinander vier bis sechs Löcher im Abstand von circa 15 Zentimetern eingearbeitet sind, in die die Geruchsträgerdosen passgenau eingesetzt werden können. Dieser Rahmen verhindert effizient das Bewegen der Dosen. Und auch wenn Ihr Hund mit der Pfote tätig wird, bleibt die Dose an Ort und Stelle und Sie können entspannt auf weitere Verhaltensangebote des Hundes warten. Denn wenn die Dose einmal durch die Gegend rollt und springt oder gar vom Hund aufgenommen wird, müssen Sie jedes Mal die Übung unterbrechen.

Die Prüfdosen

Im nächsten Trainingsschritt, sobald Sie das Fünf-Sekunden-Intervall erreicht haben, stellen Sie sicher, dass Ihr Hund das Verweisen mit dem Geruch und nicht mit der Dose an sich verknüpft. Dazu stellen Sie zunächst die Geruchsträgerdose und eine identische, allerdings leere Dose im Abstand von 30 Zentimetern nebeneinander oder in Ihr Schnüffelbrett. Zeigt der Hund das bereits erlernte Verhalten an der richtigen Dose, wird er von Ihnen über den Click bestätigt. Zeigt er das Verhalten an der falschen Dose, geschieht erst Mal nichts. Ihr Hund wird irritiert ablassen und es an der anderen Dose probieren, was Sie wiederum bestätigen. Hier darf die Bestätigung in den ersten Trainingseinheiten auch wieder etwas früher kommen als nach den bereits trainierten fünf Sekunden. Ziel ist zunächst die sichere Anzeige der richtigen Dose. Zeigt Ihr Hund im Verlauf des Trainings das Anzeigeverhalten sicher nur noch

Verweist der Hund im Board die falsche Dose, bleibt die Bestätigung aus. Erst wenn er die richtige Dose anzeigt, erfolgt die Bestätigung über den Clicker.

an der Dose mit dem Geruch, steigern Sie wieder das Zeitintervall des Verharrens und fügen dann schrittweise weitere leere Dosen hinzu. Achten Sie darauf, dass die Geruchsträgerdose nicht immer an derselben Stelle in der Reihe ist. Sobald Ihr Hund die Leerdosen nur noch kurz abschnüffelt und sicher auf der erwünschten Dose verharrt, können Sie das Verhalten mit einem Kommando belegen.

Das Kommando verknüpfen

Auf der Fährte soll der Hund natürlich von sich aus ohne Kommando verweisen. Sehen Sie allerdings während der Fährtenarbeit, dass er durch intensiveres punktuelles Schnüffeln etwas gefunden hat, nimmt aber die Fährte wieder an, bevor Sie am Riemen aufgeholt haben, können Sie Ihren Hund mit dem Kommando zum erneuten Verweisen auffordern und so Kenntnis über die Art des Pirschzeichens erhalten. Eine andere Möglichkeit besteht darin, auf Kommando eine sogenannte Vorsuche zu machen. Sollten Sie nicht genau wissen, wo sich der Anschuss befindet, können Sie den Hund am Riemen in einem abgegrenzten Radius auf Kommando danach suchen lassen. Das hat den Vorteil, dass Sie selbst nicht so viel Fläche zertreten und der Hund ohnehin die besseren Voraussetzungen mitbringt, kleinste Pirschzeichen zu finden.

Bisher haben Sie in den Trainingseinheiten mit dem Clicker lediglich das erwünschte Verhalten geformt und gesichert. Bevor Ihr Hund zuverlässig das Verhalten gezeigt hat, wäre es unnötig gewesen ein Kommando zu benutzen, denn er hätte es nicht zuordnen können. Jetzt, wo sie in der bereits ritualisierten Übungssequenz sicher mit dem Verweisen rechnen können, sagen Sie in ein Kommando unmittelbar bevor Ihr Hund verweisen wird. So verknüpft er seine Handlung nach einigen Wiederholungen mit dem Wort. Welches Wort Sie dazu verwenden bleibt Ihnen überlassen. »Zeige!« oder »Verweise!« wären mögliche Kommandos, die sich auch im alltäglichen Fährtengeschehen gut verwenden lassen. Sitzt Ihr Hund also nun vor Ihnen und beginnt mit der Anzeige des gewünschten Döschens, sobald Sie das Kommando sagen, sind Sie bereits in der Abschlussphase des Anlernens und können den Click weglassen und durch ein bekanntes Lobwort ersetzen. Leckerchen darf und sollte es natürlich dennoch geben. Da Sie das Verhalten jetzt nicht mehr formen, sondern einfordern, brauchen Sie nicht mehr in Sekundenschnelle zu bestätigen. Ihr Hund weiß ja nun, was er zu tun hat.

Der Übergang zur Fährte

Der Hund verweist die Geruchsträgerdose nach kurzer Suche auf der Wiese und wird hier noch mit dem Clicker bestätigt.

Der Hund verweist die Dose auf der Wiese. Wenn das Kommando draußen gut ausgeführt wird, können Sie auf den Clicker verzichten und verbal bestätigen.

Die Geruchsträgerdose und das Verweisen werden nun in die Fährtenarbeit integriert.

Der Hund wird aufgefordert, die Geruchsträgerdose noch mal genau anzuzeigen.

Letztlich wird auch die Geruchsträgerdose abgebaut und lediglich ein künstliches Wundbett hergestellt, welches der Hund auf der Fährte verweisen soll. Ist er dabei zu ungenau, wird er mit dem etablierten Kommando zum genauen Verweisen aufgefordert. Das dürfen Sie dann natürlich auch belohnen.

Haben Sie das Verweisen an den Dosen mit dem Kommando verknüpft, müssen Sie das Verhalten in verschiedenen Umgebungen, auf verschiedenen Untergründen mit verschiedenen Ablenkungsreizen generalisieren. Die häuslichen Trainingseinheiten verlegen Sie nun nach draußen. Sie lassen den Hund sitzen und bleiben und platzieren ein Döschen mit Geruchsträger in den ersten Übungen sichtbar für den Hund wenige Meter entfernt auf den Boden. Mit dem Kommando schicken Sie Ihren Hund dann los. Sobald das klappt, platzieren Sie die Dose immer etwas weiter weg, dann verstecken Sie die Dose, so dass Ihr Hund immer intensiver danach suchen muss. Dazu können Sie Ihren Hund zum Beispiel ablegen, außer Sicht um die Ecke gehen und dort das Verweiserdöschen platzieren. Wenn das nicht geht, können Sie auch in einem Radius von etwa 10 Metern vor dem Hund herumlaufen und an mehreren Stellen so tun, als würden Sie die Dose ablegen. Achten Sie darauf, dass Sie nie die Dose an der letzten Stelle ablegen. Das wird sich Ihr Hund schnell merken und zielstrebig zur letzten von Ihnen angesteuerten Stelle laufen statt zu suchen. Kehren Sie zu Ihrem Hund zurück und schicken ihn mit Ihrem Kommando in die Verweisersuche. Sobald er verweist, loben Sie ihn. Verweist er zu ungenau oder zu schnell, dann fordern Sie ihn mit dem Kommando erneut auf, das Verhalten zu zeigen und gehen dabei selbst Richtung Verweiserdose. Erst wenn Ihr Hund lange und eindeutig genug verwiesen hat, lösen Sie das Kommando mit Lob und Leckerchen auf.

Im nächsten Schritt legen Sie auf einer Übungsfährte die Dosen mit den Pirschzeichen in die Wundbetten. Das können Sie zu Beginn recht offensichtlich und sichtbar machen, später etwas versteckt unter Laub oder Gras. Markieren Sie sich auch hier wieder die Stellen, an der Sie die Wundbetten angelegt haben. Sobald Ihr Hund diese Stellen durch intensives beschnüffeln anzeigt, loben Sie und gehen zu Ihrem Hund, wo Sie die Dose erfreut aufsammeln. Sollte Ihr Hund nur kurz verweisen oder gar nicht, weil er in einem konzentrierten »Fährtentunnel« ist, dann bleiben Sie am Wundbett stehen, hocken sich hin und fordern Ihren Hund mit dem etablierten Kommando auf, Ihnen zu verweisen. Erst wenn das geschehen ist, geht es auf der Fährte weiter. Sobald dabei eine gewisse Routine eingetreten ist, lassen Sie die Döschen weg und legen die Pirschzeichen frei aus. Auch wenn Sie später keine komplizierten Nachsuchen mit Ihrem Hund arbeiten werden, ist das Verweisen eine schöne Übung und kann Ihnen durchaus auch bei der Suche nach dem Anschuss im jagdlichen Alltag nutzen.

STÖBERN

Beim Stöbern soll der Hund selbstständig ein Waldgelände mit Dickungen nach Wild absuchen. Die Größe des Geländes beträgt drei Hektar oder auch mehr. Je nach Bundesland kann der Hund bei den Brauchbarkeitsprüfungen im Modul »Stöbern« vom Stand geschnallt oder von der Hundeführerin beziehungsweise dem Hundeführer begleitet werden. Kommt er an Wild, soll er es spurlaut (Hase, Fuchs) oder fährtenlaut (Schalenwild) aus der Dickung jagen. Er soll es einige Zeit verfolgen, aber nach einem angemessenen Zeitraum wieder zurückkommen. Der Hund muss selbstständig jagen, darf aber nicht gänzlich den Kontakt zum Hundeführer oder zur Hundeführerin verlieren. Jagt der Hund wiederholt zu weit, kann er die Prüfung nicht bestehen. Auch in der jagdlichen Praxis ist der Hund, der hauptsächlich im Nachbarrevier stöbert, nicht wirklich zu gebrauchen.

Oft wird bei den Prüfungen, die auch im Rahmen einer Jagd stattfinden können, das Verhalten des Hundes am Stück geprüft. Dabei wird der Hund unter Wind in eine Suche geschickt. In 50 Meter Entfernung liegt ein geschossenes Stück Wild, welches der Hund innerhalb von fünf Minuten finden muss. Er darf es bewinden, verbellen, anderweitig verweisen, belecken oder einfach weitersuchen. Sollte er es allerdings hochgradig rupfen oder gar anschneiden (anfressen), dann kann er die Prüfung nicht bestehen.

Einarbeitung

Die Einarbeitung ist ohne ein eigenes Revier mit gutem Schalenwildbesatz außerordentlich schwierig, es sei denn Sie haben gute Kontakte zu Revierinhabern, die nichts dagegen haben, wenn Ihr Hund zeitweilig ordentlich Unruhe ins Revier bringt, indem er die Dickungen auf links dreht. Überlegen Sie sich bereits vor der Einarbeitung, ob Sie Ihren Hund zukünftig vom Stand schnallen oder ihn als Treiber begleiten wollen.

Zu Beginn aber machen Sie den Welpen und Junghund mit den Wildarten vertraut, die er später bejagen soll. Das sollte ja im Rahmen der jagdlichen Früherziehung auch bereits passiert sein (siehe oben in Teil 2). Frische Decken und Schwarten, erlegte Jungfüchse, Häupter und Schalen eignen sich gut zur Prägung des Hundes. Initiieren Sie damit Beutespiele und lassen Sie Ihren Vierbeiner am Ende das gute Stück für eine Weile stolz umhertragen. Auch die Reizangel eignet sich hervorragend, um die Beute lebendig werden zu lassen. Haben Sie das Interesse Ihres Hundes geweckt, können Sie ihm Schleppen damit ziehen, an deren Ende nicht unbedingt der Apport, sondern das gemeinsame Auffinden und die Freude über die Beute steht.

Wenn Ihr Hund ungefähr ein halbes Jahr alt ist, können Sie beginnen, die selbstständige Suche zu fördern. Dazu brauchen Sie viel Zeit, einen gut gewählten Revierteil ohne Straßen in der Nähe und optimalerweise etwas Wild, ausgenommen Schwarzwild. Eine Warnweste und ein Gerät zur Hundeortung sind obligatorisch. Setzen Sie sich einfach in den Bestand und lassen Ihren Hund sein Ding machen. Je mehr Sie auf ihn einwirken und ihn schicken wollen, desto näher wird er bei Ihnen bleiben. Der an Wild interessierte Hund wird seine Kreise langsam ausdehnen und so auf warme Fährten und Wild stoßen. Sobald er jagt, lassen Sie ihn jagen und bleiben wo Sie sind. Ihr Hund muss die Erfahrung machen, dass er Sie auf seiner Rückfährte immer wiederfindet. Kommt er zurück, dann freuen Sie sich natürlich. Kommt Ihr Hund langsam auf den Geschmack und nimmt zügig die Dickungen an, sobald Sie ihn schnallen, können Sie mit dem Schnallen ein Kommando einführen.

© Jörg Marr

Mit der jagdlichen Frühprägung kann man schon zeitig beginnen.

Gehören Sie zu den Hundeführerinnen oder Hundeführern, die den Hund begleiten wollen, können Sie das jetzt gezielt tun. Führen Sie Ihren Hund in die Dickungen, in denen etwas zu finden ist. Sobald er jagt, gehen Sie langsam weiter. Er macht nun auf der Rückfährte die Erfahrung, dass Sie nicht mehr am Ausgangspunkt warten, sondern sich weiterbewegen. Jetzt wird er Ihre Fährte aufnehmen, um wieder zu Ihnen zu stoßen. Je häufiger Sie nun selbst in Bewegung sind, desto schneller wird er zu Ihnen zurückkommen. Bei beiden Varianten der Einarbeitung besteht die große Kunst immer darin, den richtigen Grad zwischen zu weit und zu nah jagen auszubalancieren.

© Volker Pesch

Im Schwarzwildgatter lernt der Hund schrittweise das richtige Verhalten an Schwarzwild.

Das Schwarzwildgatter

Mittlerweile verfügt fast jedes Bundesland über ein Schwarzwildgatter zur Einarbeitung der Hunde an Sauen. Schwarzwild ist mitunter sehr wehrhaft und kann für den jungen, unvorbereiteten oder schlecht eingearbeiteten Hund das Ende jeglicher Passion bedeuten, denn wird der Hund bei seinen ersten Bekanntschaften mit den Schwarzkitteln direkt angenommen oder gar geschlagen, wird ihm die Freude an der Jagd mit höchster Wahrscheinlichkeit vergehen. Nehmen Sie sich daher die Zeit und auch die Fahrerei in Kauf, um Ihren Hund schrittweise unter der fachkundigen Anleitung der Gattermeister und -meisterinnen einzuarbeiten. Dass es in den Gattern auch reguläre Junghundtage gibt, die besonders auf die Bedürfnisse sehr junger und unerfahrener Hunde abgestimmt sind, wurde schon erwähnt.

Die Arbeit im Schwarzwildgatter ist eine perfekte Vorbereitung auf weitere praktische Erfahrungen im Übungsrevier und die Brauchbarkeitsprüfung.

Drückjagden sind nicht ungefährlich. Eine gewissenhafte Einarbeitung ist äußerst wichtig.

Die ersten Einarbeitungsjagden

Gemäß der gesetzlichen Regularien Ihres Bundeslandes können Sie nun beginnen, den Hund zu den ersten kleinen Drückjagden mitzunehmen. Sie sollten das Gebiet selbst gut kennen und der Rahmen der Jagd sollte überschaubar sein. Ein zu großes und unübersichtliches Aufgebot an anderen Hunden und menschlichen Teilnehmern führt schnell dazu, dass Sie und Ihr Hund die Übersicht verlieren. Außerdem sollten Sie jederzeit die Möglichkeit haben, Ihren Hund aus dem Treiben herauszunehmen. Viele Rasseverbände bieten sogar extra Drückjagden zur Einarbeitung von Junghunden an. Es lohnt sich daher, auch nach der Abholung des Welpen den Kontakt zu Züchtern und Vereinen aufrechtzuerhalten.

© Werner Nagel

BAUARBEIT

Auch die Bauarbeit ist ein besonderes Thema in der Jagdhundeausbildung. Die Einarbeitung und Prüfung der Erdhunde obliegen meistens den Vereinen und Verbänden der entsprechenden Rassen. Daher soll an dieser Stelle für den Laien nur ein kurzer Einblick in diese Arbeit gegeben werden. Wenn Sie sich für einen Erdhund entscheiden und ihn zur Baujagd einsetzen möchten, bietet Ihnen die Prüfungsordnung einen guten Überblick über das, was da auf Sie zukommt.

Der Erdhund, der am Fuchs arbeiten soll, muss über ein gesundes Selbstbewusstsein und gehörige Raubwildschärfe verfügen. Möchten Sie Ihren Terrier oder Teckel auch zum Stöbern und Apportieren einsetzen, seien Sie sich darüber bewusst, dass der Hund, einmal auf den Geschmack gebracht, jederzeit einschliefen könnte, sobald er auf einen befahrenen Fuchs- oder Dachsbau stößt. Aus diesem Grund entscheiden sich viele Erdhundehalterinnen und -halter gegen eine Einarbeitung am Bau, sofern sie nicht selbst leidenschaftliche Baujäger mit regelmäßigen Jagdgelegenheiten sind.

Die Einarbeitung und Prüfung erfolgt in Schliefenanlagen, also Kunstbauten. Deren Aufbau und auch der Einsatz der darin befindlichen Füchse ist strengstens geregelt.

Die Prüfung besteht aus zwei Komponenten: der Baulautprüfung und der Bewertung mit Raubwild.
Bei der Baulautprüfung wird vor dem Einsatz des Hundes ein Fuchs durch den Bau geschickt und dann herausgenommen. Der Hund soll unmittelbar danach den Bau absuchen. Er darf dabei nicht anhaltend bellen, sondern sollte stumm sein. Kurzes Bellen an schwierigen Durchgängen ist dagegen gestattet.

Bei der Bewertung an Raubwild muss der Hund unter verschiedenen Bedingungen den Fuchs finden und anhaltend verbellen. Dabei befindet sich der Fuchs an unterschiedlichen Stellen des Kunstbaus und ist somit mehr oder weniger schwer für den Hund zu finden. Der Fuchs ist dabei immer abgeschiebert, also vom Hund getrennt, sodass keinem von beiden während der Prüfung etwas geschehen kann.

Je nach Schwierigkeitsgrad werden dem Hund maximal fünf bis zehn Minuten Arbeitszeit eingeräumt. Bewertet werden die Ausdauer, die Passion, der Laut am Fuchs und das Bemühen des Erdhundes, Raubwild zu fixieren oder aus dem Bau zu drängen. Ein spannendes Arbeitsgebiet für absolute Spezialisten!

TRAINING MIT DEM HUND AUSSERHALB DES JAGDBETRIEBES

An den Jagdhund werden auch als Familienhund viele Ansprüche gestellt. Manche Familienmitglieder erfreuen sich einfach nur an der vierbeinigen Gesellschaft, andere möchten oder müssen sich vielleicht intensiver mit dem Hund beschäftigen. Grundsätzlich spricht nichts dagegen, wenn sich mehrere Menschen an der Ausbildung und dem Training des Hundes beteiligen. Dabei müssen allerdings alle am gleichen Strang ziehen und nicht gegeneinander arbeiten. Familienmitglieder, die kein Interesse an der Ausbildung des Hundes haben, dürfen aber auch nicht erwarten, dass sich der Vierbeiner an ihnen orientiert oder im Zweifelsfall auf sie hört. Hunde lernen beziehungsorientiert und wissen jederzeit, wem sie auf der Nase herumtanzen können und wer Regeln und Kommandos durchzusetzen imstande ist.

Wenn Kinder zum Haushalt gehören, kommt es darauf an, wie alt sie sind und wie gut sie bereits die klaren Regeln der Hundeausbildung einhalten können. Aber auch für jüngere oder weniger disziplinierte Kinder und Jugendliche gibt es Beschäftigungsmöglichkeiten des Hundes, die dem jagdlichen Training nicht entgegenwirken. Nur von wilden, ungeregelten »Apportierspielen« sollte abgesehen werden.

Im Alltag stellt sich allerdings schnell heraus, dass es einen Menschen in der Familie gibt, der die Hauptbezugsperson für den Hund ist und den größten Teil der Arbeit mit dem Hund verrichten wird. Diese Person sollte auch in Ausbildungs- und Erziehungsfragen das letzte Wort haben.
Wenn Sie oder andere Familienmitglieder mit dem Hund außerhalb der jagdlichen Ausbildung trainieren möchten, ist das grundsätzlich gut. Überfordern Sie sich und Ihren Hund dabei aber nicht und setzen Sie klare Prioritäten.

Gemeinsames Lernen, egal was, ist immer vorteilhaft für die Beziehung zwischen Hund und Mensch. Außerdem fördert es die geistige Regsamkeit. Auch der fertig ausgebildete Jagdhund hat noch Freude daran, Neues zu erlernen und mit seinem Menschen gemeinsame Erfahrungen zu machen. Das »Boreout-Syndrom« (»Ausgelangweilt-Sein«) kann durchaus auch bei Hunden beobachtet werden.

Ist die jagdliche Ausbildung erfolgreich abgeschlossen, möchten Sie natürlich mit Ihrem Hund in erster Linie jagen gehen. Aber was geschieht in der jagdfreien Zeit, die nun mal bei den meisten Jagdhundehaltern 50 bis 95 Prozent ausmacht? Frischen Sie das Erlernte immer wieder auf, damit die bereits vorhandenen Fähigkeiten erhalten bleiben und seien Sie offen für Neues. Viele Beschäftigungsformen mögen auf den ersten Blick wie sinnlose Spielereien anmuten, aber würden Sie das Erlernen eines Instruments, eines Brettspiels, einer Freizeitsportart oder einer Fremdsprache als sinnlos erachten, nur weil es Ihnen im alltäglichen Berufsleben keine offensichtlichen Vorteile bringt? Was für uns Menschen gilt, das gilt auch für unsere Hunde: Lernen bis ins hohe Alter hält jung und macht gute Laune!

Einfache Suchspiele werten jeden Spaziergang auf und fördern die Beziehung zwischen Mensch und Hund.

Grundkommandos
Sicherlich ist es vorteilhaft, wenn der Hund die Grundkommandos bei jedem Familienmitglied ausführt. Daher können sich alle an der Einarbeitung beteiligen. Worte, Pfiffe und Handzeichen sollten dieselben sein, damit das Ergebnis am Ende auch einheitlich ist.

Dummytraining
Grundsätzlich bietet das Dummytraining eine hervorragende Möglichkeit, den Hund auf den jagdlichen Einsatz und die Prüfungen vorzubereiten. Aber auch in der Freizeit ist Apportieren eine einfache und sinnvolle Beschäftigungsform. Sie kann nebenbei auf jedem Spaziergang eingebaut werden und bietet unendlich viele Ausbaumöglichkeiten. Denken Sie zum Beispiel an die Übungen zum Thema Einweisen. Womöglich finden sich auch Gleichgesinnte, die innerhalb eines regelmäßigen Gruppentrainings gemeinsam das Apportieren vertiefen.

Fährtenarbeit und Mantrailing
Die Fährtenarbeit sollte demjenigen vorbehalten sein, der auch die jagdlichen Einsätze auf diesem Gebiet mit dem Hund bestreiten wird. Diese Person muss den Hund in erster Linie lesen lernen und sich mit der Handhabung auf der Fährte vertraut machen. Andere Familienmitglieder können aber sehr gut zwischendurch Übungsfährten legen und auch als Beobachter beim Arbeiten auf der Fährte mitlaufen.
Mantrailing ist eine schöne alternative Beschäftigungsform, die auch andere mit dem Hund erarbeiten können. Sollten Sie mit Ihrem Hund bezüglich der Fährtenarbeit keinerlei Ambitionen haben, können Sie möglicherweise ins Mantrailing einsteigen. Vorsicht ist geboten, wenn Sie Ihren Hund auch erfolgreich auf Schweiß führen wollen.

Voraussetzung ist zwingend eine bereits gute Einarbeitung in die Fährtenarbeit und regelmäßiger Einsatz beziehungsweise das Üben auf der Kunstfährte.
Nachsuchenprofis sollten dagegen vom Mantrailing absehen, da der unterschiedliche Suchenstil auch die Arbeit auf der Fährte beeinflussen kann. Da hier oftmals ohne Bodenverwundung gearbeitet wird, darf und muss sich der Hund auch abseits der Fährte an verwehten Geruchspartikeln orientieren. Für die Arbeit beim Mantrailing braucht der Hund eine andere Ausrüstung als bei der Schweißarbeit. So trennt er anhand des unterschiedlichen Geschirrs oder der Halsung direkt von Beginn an die unterschiedlichen Arbeitsbereiche.

Longieren

Longieren von Hunden ist ein Distanztraining, bei dem der Hund unangeleint hauptsächlich über die Körpersprache außerhalb eines abgesteckten Kreises von einigen Metern Durchmesser geführt wird. Der Mensch befindet sich im Inneren des Kreises und lässt den Hund in verschiedene Richtungen schneller und langsamer laufen, auf Distanz sitzen, stehen und liegen. All das erfolgt hauptsächlich über die Körpersprache und ist eine gute Möglichkeit, sich seiner eigenen körpersprachlichen Wirkung auf den Hund bewusst zu werden sowie den Hund sensibler für Anleitungen auf Distanz zu machen. Ein schönes Training, das oft auch Kinder gut mit dem Hund machen können.

Agility

Beim Agility bestreiten Hund und Mensch gemeinsam einen Parcours aus Hürden, Tunneln, Wippen, Stegen und anderen Geräten. Der Mensch läuft dabei parallel zu seinem Hund und lässt ihn auf Kommando die verschiedenen Stationen absolvieren. Da es nicht nur geradeaus, sondern wild durcheinandergehen kann, müssen Hund und Mensch sehr schnell auch körpersprachlich kommunizieren. Es gibt diverse Möglichkeiten von Wechseln beim Agility, bei denen der Hund über Hand- und Körperhaltung schnell und präzise in unterschiedliche Richtungen eingewiesen wird. Ein tolles Training, um die Kommunikation zwischen Hund und Mensch zu verbessern und auch deren Koordinationsfähigkeiten.

Objektsuche/Verweisen

Bei der Objektsuche soll Ihr Hund sehr kleine Gegenstände auf einem begrenzten Areal finden und verweisen. Das Verweisen geschieht in der Regel durch ein Vorliegen oder Vorsitzen an dem Gegenstand. Die Objektsuche kann auch in Innenräumen erarbeitet werden, was bei sehr schlechtem Wetter oder auch körperlicher Einschränkung sowohl von Hund als auch Mensch eine gute

Möglichkeit der Beschäftigung bietet. Kognitiv ist diese Arbeit sehr anspruchsvoll, wodurch Sie Ihren Hund mit wenig Aufwand toll auslasten können. Sie können Ihren Hund jegliche Art von Objekten verweisen lassen oder auch das Verweisen von Gerüchen trainieren. Für die jagdliche Einarbeitung als Zusatz zur Fährtenarbeit können Sie Schweiß und Pirschzeichen aller Art (Haar, Knochen, Wildbret) verwenden. Sie können Ihren Hund aber auch auf andere Gerüche trainieren (zum Beispiel schwarzen Tee, Trüffel, Schimmelpilze etc.) und jeden Geruch mit einem eigenen Kommando belegen. Für das Verweisen von Gerüchen benötigen Sie Döschen mit und ohne Geruchsträgern.
Am sinnvollsten und einfachsten ist bei der Objektsuche und dem Verweisen tatsächlich die Einarbeitung mit dem Clicker.

Körperliche Auslastung

Es gibt verschiedene Möglichkeiten, den Hund körperlich auszulasten und zu fordern. Da für den jagdlichen Einsatz auch eine gewissen Fitness und Kondition des Hundes sehr wichtig ist, sollte er auch außerhalb des Jagdbetriebes regelmäßig Bewegung bekommen. Bedenken Sie allerdings: Je höher das sportliche Level Ihres Hundes ist, desto intensiver fordert er die Bewegung auch ein.
Sportliche Familienmitglieder können mit dem Hund ab einem Alter von neun bis zwölf Monaten langsam beginnen kleine Runden zu joggen oder Rad zu fahren. Zunehmender Beliebtheit erfreuen sich auch Sportarten wie Canicross, Ski- oder Bikejöring. Dabei werden Sie entweder zu Fuß, auf Skiern oder auf dem Rad von Ihrem Hund gezogen. Dazu benötigen Sie spezielle Zuggeschirre und Leinen. Auch der Gehorsam des Hundes sollte bereits gut sein, damit Sie bei Ablenkungsreizen nicht in der nächsten Hecke landen.

Tipp:
Beginnen Sie beim Welpen sehr vorsichtig mit der körperlichen Auslastung.
Radfahren kann einen Welpen schnell überlasten, und alles, was mit Ziehen zu tun hat, kann Skelett und Muskeln des noch nicht ausgewachsenen Hundes nachhaltig schädigen.

DER EINSTIEG INS HUNDETRAINING – NACHWORT

Bevor Sie mit dem Hundetraining beginnen, ist es gut, wenn Sie sich bereits mit verschiedenen Ausbildungsmethoden und möglichen Wegen der Ausbildung auseinandergesetzt haben. Das Ausbildungskonzept muss für Sie und Ihren Hund passen. Erkundigen Sie sich am besten vor der Anschaffung des Hundes über die Ausbildungsangebote in Ihrer Nähe. Sie können noch so viele gute Bücher gelesen haben, in der Praxis sieht es häufig doch etwas anders aus. Es geht nichts über eine gute Anleitung, und zwar im Einzeltraining. Gruppenstunden und Kurse sind gut und effizient, wenn Sie mit Ihrem Hund bereits die Basics erarbeitet haben und diese nun vertiefen wollen. Für individuelle Baustellen während der Ausbildung ist verständlicherweise im Training mit mehreren Mensch-Hund-Teams kein Raum. Mit einer guten Hundetrainerin oder einem guten Hundetrainer an Ihrer Seite können Sie gerade zu Beginn der Ausbildung die richtigen Weichen stellen.

Viele Hundeschulen und TrainerInnen haben mittlerweile eine Präsenz in den sozialen Netzwerken. Hier können Sie einen Einblick in die Art und Weise des Ausbildungskonzeptes bekommen. Lassen Sie sich dabei aber nicht von der Menge an Followern oder von Hochglanzvideos mit perfekt abgerichteten Hunden blenden. Nehmen Sie persönlich Kontakt zu Trainerinnen und Trainern auf. Im persönlichen Gespräch bekommen Sie einen Einblick, ob das Trainingskonzept passt und die Chemie zwischen Ihnen stimmen könnte.
Es ist durchaus legitim, nachzufragen, welche Erfahrung und welche Erfolge die Trainerin oder der Trainer mit eigenen Hunden in der jagdlichen Ausbildung gemacht hat.

Achten Sie auch darauf, wie der Ausbildungsstand des TrainerInnenhundes ist und vor allem der Umgang mit dem Hund. Der Austausch mit anderen Hundehaltern gibt ebenfalls Einblicke in die unterschiedlichen Trainingsangebote vor Ort. Natürlich ist es wichtig, dass Sie und Ihr Hund in der Ausbildung vorankommen und Fortschritte machen. Jedes Training sollte kontinuierlich zielführend sein. Ganz wichtig ist aber auch, dass Sie sich wohl fühlen, hinter dem Trainingskonzept stehen und Spaß dabei haben!

Instagram: alternativejagdhundeausbildung

© Tanja Dautzenberg

DIE AUTOREN

© Mark Dautzenberg

© Vincent Leifer

Tanja Dautzenberg ist Diplom Forstingenieurin und hat sich bereits kurz nach dem Studium voll und ganz dem Hundewesen verschrieben. Seit 2007 ist sie hauptberuflich als Hundetrainerin und -therapeutin tätig. Außerdem schreibt sie als freie Redakteurin für das Magazin »Halali«. Sie lebt und arbeitet am Niederrhein und hat ihren jagdlichen Mittelpunkt im Hunsrück. Tanja Dautzenberg führt Vorstehhunde sowie aktuell eine Brandlbracke.

Infos und Kontakt auf www.alternative-jagdhundeausbildung.de

Dr. Volker Pesch ist Texter, Publizist und Schriftsteller. Arbeitsschwerpunkte sind digitale Bildungsprodukte (E-Learning), Kriminalromane, Sachbücher und journalistische Beiträge über Jagd und Natur. Unter anderem schreibt er für das Magazin »Halali«. Er lebt, arbeitet und jagt in der Nähe von Greifswald. Volker Pesch hielt schon Hunde verschiedener Rassen, aktuell führt er zwei Steirische Rauhhaarbracken.

Infos und Kontakt auf www.volkerpesch.de

© Tanja Dautzenberg